알고 마시면 인생이 즐겁다

한잔 술, 한국의 맛

알고 마시면 인생이 즐겁다

한잔 술, 한국의 맛

펴 낸 날 2019년 11월 5일 초판 1쇄

지 은 이 이현주
펴 낸 이 이태권
책임편집 최선경
책임미술 양보은
펴 낸 곳 (주)태일소담
서울특별시 성북구 성북로66 3층 301호 (우)02835
전화 | 02-745-8566~7 팩스 | 02-747-3238
등록번호 | 1979년 11월 14일 제2-42호
e-mail | sodambooks@naver.com
홈페이지 | www.dreamsodam.co.kr

ISBN 979-11-6027-173-7 03590

이 도서의 국립중앙도서관 출판시도서목록(CIP)은 서지정보유통지원시스템 홈페이지(http://seoji.nl.go.kr)와 국가자료공동목록시스템(http://www.nl.go.kr/kolisnet)에서 이용하실 수 있습니다.(CIP제어번호: CIP2019042620)

• 책값은 뒤표지에 있습니다.
• 잘못된 책은 구입하신 곳에서 교환해드립니다.

한잔 술, 한국의 맛

알고 마시면 인생이 즐겁다

이현주 지음

소담출판사

차례

두 잔, 약주 이야기

막잔, 탁주 이야기

"취하도록 마시는 것 말고도
술과 놀 수 있는 방법은 다양하다."

_본문 중에서

술독을 열며

어린 시절 제 기억 속 명절 풍경은 온갖 빛깔의 향연으로 남아 있습니다. 대들보에 형광색 꿩 서너 마리가 걸리고 빨건 선지 가득 찬 양철통이 마당 구석에 놓이면 이제 명절이 시작됩니다. 정지淨地(부엌) 밖 화로에 걸린 가마솥 순대가 화산처럼 들썩거리며 익어가고, 할머니는 우물가에 앉아 연신 맷돌을 돌립니다. 주먹만큼 큼지막하게 만두를 빚는 큰엄마 옆에서 반죽을 쪼물락대며 장난을 치다가 돼지기름에 노릇노릇 구워지는 녹두 빈대떡에 한눈을 팔다보면 "우리 서울내기 먼저 먹어라." 하시던 큰아버지…….

평양에서 피난 오신 할아버지의 명절 상에는 꿩 뼈까지 팡팡 다져

완자를 올린 만둣국, 찹쌀과 좁쌀을 넣어 만든 순대, 그리고 소를 풍성하게 넣어 돼지기름으로 부쳐낸 녹두전이 올라갑니다. 거기에 할아버지가 직접 만든 술도 빠질 수 없습니다. 마당에 소줏고리를 걸고 술을 내리시면서, 할아버지는 "세다." 하시며 흡족해 하셨습니다. 통통한 순대를 썰어 놓고 터울이 제법 지는 사촌 오빠들은 할아버지의 술을 홀짝거리며 밤새 낄낄거리기도 했습니다. 대구 남산동 골목에 살던 머스마들이 "서울내기 다마내기." 라고 놀려대면, 골목 끝까지 쫓아가 끝내 징벌을 해내던 꼬마가 제법 숙녀티를 내던 어느 날, 할아버지는 끝내 고향땅을 밟지 못하고 하늘로 떠나셨습니다.

할아버지가 돌아가신 뒤로는 식품점에서 사온 술이 제주祭酒로 올라갑니다. 소주도 내리지 못합니다. 멀리도 아니고 바로 아버지 대에서 술 하나가 사라지는 것을 보았습니다. 일찍 돌아가신 외할머니의 장맛이 좋았다는 것은 들어 기억하고 있지만 술 빚는 솜씨도 좋았다는 것은 술일을 시작하고서야 엄마에게 전해 들었습니다. '이럴 줄 알았으면 나라도 배워 둘걸.' 못내 아쉬워하신 엄마. 이 일을 업 삼지 않았다면 그 술 두세 가지쯤 없어진 것이 뭐 대수이며, 있었는지 없었는지도 모르고 살았겠지만 지금 돌이켜보면 이보다 더 아까운 것도 없습니다. 이렇게 한

대를 더 물리지 못하고 사라진 술과 음식이 비단 우리 집에만 있는 건 아닐 겁니다.

농림축산식품부와 한국농수산식품유통공사가 설립한 전통주 갤러리의 관장으로 운영책임을 맡았던 지난 4년여 동안 술맛은 여럿 보았지만 소회를 남기는 데에는 게을렀습니다. 2015년 개관 당시, 잔잔해 보이던 전통주 시장의 수면 아래는 몹시도 분주해서 낮에는 전국과 해외에서까지 찾아오신 방문객의 교육과 시음 홍보로 바쁜 시간을 보냈고, 밤이면 국내외 언론을 비롯하여 여러 기관, 정부부처, 외식업체의 질문과 요청에 대한 고민과 답변이 새벽까지 이어졌습니다. 전통주 갤러리가 사적인 운영 공간이 아니다 보니 조심스러운 마음이 들어 글과 말을 아꼈던 까닭도 있습니다.

제게 주어진 과업이었던 전통주 갤러리 관장직을 마치고 재충전을 위해 떠난 석 달간의 여행길에서 틈틈이 책 한 권을 낼 만한 분량의 글을 썼지만, 한국에 돌아와 실록과 문헌들을 되짚어가며 검증을 하는 과정에서 의문들이 꼬리를 물어 고민은 깊어져만 갔습니다. 잘못된 정보가 온라인 매체를 통해 확대되고 재생산되는 일도 여럿 보았기에 스스로에 대한 뼈저린 반성과 함께 내가 쓴 글에 대한 책임감이 두려움이 되기도 하였습니다. 다소 이야기로서의 재미가 덜하더라도 최대한 원문의 기록을 찾아 확인하고 그 연관성을 해석하고자 노력했습니다.

소믈리에에게는 '좋은 술'과 '더 좋은 술'이 있다고 배웠습니다. 나의 역할은 맛있는 술을 널리 알리는 것이라 믿고 그 사명을 지켜왔기에 비평은 아직 저의 몫이 아니라는 생각입니다. 입맛은 다 제각각이니 내게 좋은 술이 남에게 꼭 좋을 거란 법도 없고, 내게 싫은 술이 남에게 싫을 거란 법도 없습니다. 더불어, 술이라는 것은 조금 마시면 즐거움을 주고 많이 마시면 독이 되는 것이니 건강상의 이점을 유난스레 강조하거나 아침에 일어나도 개운하다는 말은 하고 싶지 않습니다.

전통이란 현재와 맞물려 가는 것이기에, 현대적 양조 방법의 도입으로 새로운 길을 모색하는 양조인이거나 고문헌 속의 전통을 더욱 살갑게 끄집어내고자 분투하는 사람이거나, 저에게는 모두 한국 전통주의 술 길을 열어가는 개척자이기에 한마음으로 응원하고자 합니다. 또한 양조법 역시 현재 생산되는 방식을 사실대로 들여다보고 현실과 이야기 사이의 균형을 잡고자 노력했습니다.

이 책은 전통주라는 민둥산에 한 알의 씨앗을 심는 사람들의 이야기입니다. 양조장 제품을 소개하는 형식을 빌려 그 속에 한국 전통주의 역사와 고문헌의 기록, 전통과 현대의 양조법, 그간의 국내외 전통주 홍보활동을 통해 경험한 시장의 반응을 담았습니다. 더 소개할 많은 술들이 있으나 지면과 시간의 한계가 있어 많은 아쉬움이 남기도 합니다.

나의 동지 김주완, 유상선, 조수민 소믈리에 그리고 이수정 교수. 함께 술 공부하던 날의 그대들의 열정과 탐구정신이 나를 이 길로 이끌었습니다. 일에 대한 자부심을 일깨워주신 홍재경 원장님, 성중용 원장님. 전통주의 맛과 재미를 알려주신 류인수 소장님, 허시명 교장선생님, 박록담 소장님. 저의 우문에 현답을 주시는 정철 교수님, 정석태 박사님, 조호철 박사님. 언제나 응원주시는 강희윤 박사님, 김재호 박사님, 이대형 박사님. 이 책에 사진을 제공해준 소지섭 동문, 어려운 길을 함께 걸어 준 명욱 주류문화 칼럼니스트와 나의 동료들, 그리고 전통주와 농업에 대한 애정으로 그 길을 걷는 이의 발걸음을 몸소 보여주시는 이동필 농림축산식품부 (전)장관님, 어려운 출판시장 여건 속에 이 책의 출판을 선뜻 허락해주신 소담출판사 이태권 대표님께 깊고 깊은 감사드립니다.

이 순간에도 새로운 술이 나고 또는 집니다. 이 글이 응원이 되어 한국의 술이 그 가치를 인정받고 모든 양조장들이 부디 오래오래 그 명맥을 이어가고 날개를 활짝 펴 힘차게 비상하길 기원해봅니다.

저자 이현주 드림

한

잔、

증류주 이야기

불의 정령의 뜨거운 눈물

불길을 사르듯 끓여 만들어 소주燒酒라고도 하고,
소줏고리에 땀처럼 맺혀 한주汗酒,
감렬甘烈하고 영롱한 모습이 술로 낸 이슬 같다 하여
노주露酒라고도 부릅니다.

붉고 고운 그 술빛

감홍로

토끼야 토끼야

감홍로 줄게, 용궁 가자

토끼야 토끼야
감홍로 줄게, 용궁 가자

묏버들 가려 꺾어 보내노라 님에게

주무시는 창밖에 심어두고 보소서

밤비에 새잎 곧 나거든 나인가도 여기소서

_홍랑洪娘, 「묏버들가」 중에서

얼굴을 칼로 그어 넘치는 미모를 감추고, 한 남자만을 섬기길 원했던 기녀 홍랑의 사랑……. 홍랑은 조선 선조 대의 함경남도 홍원의 관기였다. 그녀의 마음을 사로잡은 이는 조선 시대 천재 시인으로 이름을 날린 고죽 최경창이다. 북쪽 끝자락 함경도 출신의 관기와 전라도 양반 최경창의 인연은 과거에 급제한 그가 북평사의 책무를 띄고 함경도로 파견되면서 시작되었다. 북평사는 무관인 병마절도사의 보좌관 격인 문관 보직,

면 타향에서의 외로움과 문관의 서정을 어찌 못하던 차에 문장과 재색을 겸비한 홍랑과의 만남은 마치 감홍로 같은 뜨거움이었을 것이다.

북평사의 임기는 2년, 떠나는 임의 도포자락을 쫓아 함경도의 경계까지 왔건만, 관기의 신분으로는 그 경계를 넘을 수 없었던 홍랑의 애절한 연모의 시가 바로 「묏버들가」이다. 최경창의 죽음 이후 홍랑은 얼굴을 칼로 그어 상처를 내고 재를 발라 정절을 지키며 시묘살이를 하였다. 왜란이 나자 최경창의 시와 문집을 가지고 도피를 하여 작품들이 후대에 전해지도록 하였다 하니, 먼저 떠난 정인의 예술혼을 지켜낸 그 마음이 더욱 애틋하다. 그런 홍랑의 묘가 감홍로가 만들어지는 파주에 있다.

달고甘 붉다紅는 이름 탓일까? 감홍로를 생각하면 유독 조선의 재주 많은 기녀가 떠오른다. 목을 태울 듯한 뜨거운 기운은 꿀로 살짝 감춘 터. 반짝이는 연지 빛 한잔 술과 마주 앉은 여인의 붉은 옷고름에 동하는 춘심을 누를 풍류객이 몇이나 있었을까?

감홍로는 육당 최남선(1890~1957)이 그의 저서 『조선상식문답』에서 죽력고, 이강고와 함께 조선의 이름난 명주로 뽑았던 평양의 술이다. 평양의 감홍로가 어찌나 유명하였던지, 그 명성은 멀리 전라도 남원을 배경으로 한 「춘향전」에도 등장한다. 변학도의 명으로 춘향을 잡으러 온 사령에게 춘향의 모친이 취하도록 대접한 술이 감홍로이고 이몽룡과 춘향의 단장을 끊어내는 이별의 순간에도 감홍로가 등장하는 것을 보면 감홍로는 평양이라는 지역을 넘어 장안의 풍류객에겐 가장 친근한 술이었을 것이고, 기방마다 빠지지 않고 비치해야 할 필수 아이템이었을지도 모른다. 감홍로는 판소리 「수궁가」에도 등장을 하는데 자라가 토끼의 간을 빼앗기 위해 용궁으로 꼬여내는 장면에서 "분뇨한 세상을 버리고 수부에 가면 천일주千日酒, 감홍로甘紅露, 삼편주三鞭酒를 매일 장취長醉하리라."고 유혹하기도 한다.

> 가장 널리 퍼진 것은 평양의 감홍로니 소주에 단맛이 나는 재료를 넣고 홍곡•으로 발그레한 빛을 낸 것입니다. 그 다음은 전주의 이강고니 뱃물과 생강즙과 꿀을 섞어 빚은 소주입니다. 그 다음은 전라도의 죽력고니 청대를 숯불 위에 얹어 뽑아낸 즙을 섞어서 곤 소주입니다. 이 세 가지가 전날에 전국적으로 유명하던 술입니다.••

감홍로와 관서감홍로는 시대를 달리하여 문헌에 만드는 방법이 전해지는데, 술에 단맛과 붉은빛을 내기 위해 사용하는 재료는 조금씩 다르다. 『조선상식문답』(1946), 『조선무쌍신식요리제법』(1924), 『조선주조사』(1935)의 감홍로•••가 홍곡으로 붉은빛을 내며 부재료들을 쓰기도 하는 데에 반해 『고사십이집』(1787)의 제법을 인용한 『임원십육지』

• 붉은 색이 나는 미생물인 홍국을 배양한 누룩의 일종.

•• 최남선, 『조선상식문답』, 기파랑, 2011, 111쪽.

••• 『조선주조사』에서의 감홍로는 홍곡 또는 홍색으로 착색을 하고 꿀로 단맛을 내는 술로 기록되어있다.

감홍로를 시연하고 있는 이기숙 명인, 사진 제공 (주)감홍로

(1827)와 『조선무쌍신식요리제법』의 관서감홍로•는 지초라는 식물의 뿌리로 붉은빛을 내고 꿀로 단맛을 낸다.

『조선무쌍신식요리제법朝鮮無雙新式料理製法』은 1924년, 위관 이용기가 지은 책으로 조선과 중국, 일본, 서양의 음식 만드는 법과 술 제조법

◦ 『조선무쌍신식요리제법』 원본에서 관서감홍로는 한글로 '관서홍로', 한문으로는 '關西甘紅露관서감홍로'라고 표기되어있다.

을 수록한 조리서이다. 이 책에는 감홍로와 관서감홍로 만드는 방법이 각각 기록되어 있는데, 현재 경기도 파주에서 생산되고 있는 이기숙 명인의 감홍로는 『조선무쌍신식요리제법』의 감홍로 제법처럼 용안육, 정향, 진피, 계피(관계)를 부재료로 쓰지만 방풍은 빼고 감초와 생강을 더했다. 홍곡 대신 지초로 붉은색을 내고 환소주를 사용하는 것은 관서감홍로의 제법과 같다.*

'환소주'란 증류한 술(소주)을 재차 증류하여 알코올 도수와 순도를 높인 술을 말한다. 탁주나 약주를 가마솥에 붓고 소줏고리를 얹어 열을 가하면 비점의 차이에 의해 알코올이 먼저 증발하여 소주가 얻어지는데 이 소주를 다시 가마솥에 넣어 재증류를 한다. 두 번에 걸친 증류 과정을 통해 술 양은 많이 줄어들지만 알코올 도수는 높아지고 술맛은 더 농후해진다. 현재 이기숙 명인의 감홍로는 소줏고리가 아닌 현대적인 증류기를 사용하지만 그 원리는 옛 방식과 같다.

집집마다 술을 빚던 조선의 가양주 역사를 생각한다면 감홍로를 빚는 방법이 한 가지만이 아니었던 것은 당연한 이치이다. 이기숙 명인이 국가 중요무형문화재 제86-1호로 지정된 문배주의 3대 기능 보유자인 아버지 이경찬 옹으로부터 감홍로 내리는 법을 배울 당시에는 방풍(뿌리)을 포함하여 여덟 가지 약재를 넣어 감홍로를 내렸지만 지금의 식품

* 관서감홍로는 지초로 붉은색을 내고 세 배로 곤 화주(소주)를 사용하는 것으로 기록되어 있다.

위생법에는 방풍이 의약품인 한약재로 분류되어 있기에 식품인 술에는 사용할 수 없다. 이처럼 술은 언제나 시대의 흐름을 따르고 지역의 특성이 반영되면서 변화하고 발전해 간다.

붉고 영롱한 관서감홍로의 술 빛이
갓 기방에 입문한 청초한 기녀의 연지 빛 옷고름이라면,
이기숙 명인의 감홍로는 마주 앉은 사람의 심사를 헤아릴 줄 아는
세월을 보듬은 기녀의 자줏빛 옷고름이라고나 할까?

보석처럼 영롱한 붉은빛을 내는 지초는 시간이 지날수록 그 빛이 연해지며 차츰 갈색을 띠게 되는데, 이기숙 명인의 감홍로는 지초 이외에 여러 부재료를 함께 쓰고 1년 이상의 숙성 기간을 꼬박 지켜서 술을 내기에 그 색은 붉다기보다는 곶감 색에 가깝다. 용안나무 열매의 과육을 말린 용안육은 용의 눈처럼 검고 껍질은 딱딱하여 용의 눈이라 불리는 약재이다. 한국에서는 자라지 않기에 조선 시대에도 외국으로부터 들여와 사용하던 것이니 당시의 귀함은 더 말할 것도 없다.

이기숙 명인은 농림축산식품부가 지정하는 전통식품명인 제43호로 지정되었으며 감홍로는 국제슬로푸드협회 산하의 생물다양성재단Slow Food Foundation for Biodiversity이 각국의 전통의 맛을 지키고자 1996년부터 진행하고 있는 프로젝트인 〈맛의 방주Ark of Taste〉에 그 이름을 올렸다. 감홍로는 나이트캡Nightcap으로 제격인 술이다. 나이트캡이라 하면 잠자

한식당 돌미롱 전통주 갈라디너의 감홍로, 사진 제공 제주 켄싱턴 호텔

리에 쓰는 모자라는 뜻이지만, 잠자리에 들기 전에 마시는 술을 의미하기도 한다. 후드득 비라도 떨어지는 날이면 심경 연약한 나는 아주 잠을 못 들고 이리저리 뒤척이는 시간이 길어지는데 이럴 때는 감홍로에 꿀을 조금 타고 한 배 반만큼의 뜨끈한 물을 넣고 저어서 한 모금씩 아껴 마신다. 계피와 말린 귤껍질 향이 공기 중에 휘익 퍼지면 마음이 녹진해지고 배 속부터 따뜻해지니 영 잠이 안 오는 날에만 쓰는 나의 비책이다. 말린 귤껍질과 계피가 향긋하게 콧등을 치고, 40도의 술이 뜨끈하게 목젖을 타고 내리는 것이 흡사 위스키 같기도 하다.

태생이 북쪽인 감홍로는 이북 음식과 잘 어울린다. 녹두를 깨끗이 씻은 후에는 녹두껍질만 거두어 가며 한 물에 계속 불려야 한다. 연한 노란 속살의 녹두는 맷돌을 써서 갈면 좋고 믹서기를 사용하려면 물을 조금씩만 넣어 성기게 갈아야 한다. 평양에서 피난 내려오신 아버지를 둔 우리 집에서는 녹두전의 소를 만두처럼 풍성하게 쓴다. 돼지고기는 얇게 저며 썰고 김치며, 숙주 삶은 것이며, 고사리를 총총 잘라 파, 마늘 등 갖은 양념으로 무쳐둔다. 간 녹두를 철판에 먼저 두른 후 고명처럼 얹거나, 쉽게 가려면 녹두가 삭지 않도록 한 번 부칠 양 만큼씩만 소를 섞어가며 굽는다. 돼지기름으로 부쳐내는 것이 정석이고 식용유를 양껏 둘러 튀기듯이 굽는 것이 차선의 방법이다. 풍성한 질감과 씹을수록 단맛이 우러나는 녹두전은 감홍로와 환상의 궁합이다.

감홍로를 뿌려 먹는 아이스크림의 맛을 상상해 본 적 있는가? 젊은 청년들의 참신한 아이디어와 전통의 혈맥이 만나면 상상 못 했던 재미난 일들이 벌어진다. 평소 전통주 시음회에 자주 참여하여 술맛의 평가와 음식 페어링에 도움을 준 정원대 셰프와 와인전문가 양승찬 씨가 감홍로를 맛보던 날 "아이스크림 한 통만 사다주세요. 이건 아이스크림에 뿌려 먹으면 정말 딱일 거예요."라는 제안으로부터 시도되었는데, 제주 켄싱턴 호텔 한식당 돌미롱의 갈라 디너에 디저트 메뉴로 추천해 고객들에게 큰 호평을 받았고, 미디어 매체에도 여러 번 소개가 되었다. 바닐라 아이스크림 또는 호두 아이스크림에 감홍로를 뿌려 곁들이면, 아이스크림에 에스프레소를 더해 먹는 아포카토처럼 감홍로의 풍부한 향이 부드러운 아이스크림과 어우러지며 색다른 경험을 선사한다.

제품명 감홍로
생산자 농업회사법인 (주)감홍로 이기숙 명인
생산지 경기도 파주시 파주읍 윗가마울길 149
연락처 031-954-6233
원재료 쌀, 좁쌀, 용안육, 진피, 생강, 정향, 감초, 지초, 계피
식품유형 일반증류주

알코올 도수 40도
경력사항
| 전통식품명인 제43호
| 국제슬로푸드협회 〈맛의 방주Ark of Taste〉 등재
| 문화체육관광부 선정 우수문화상품

감홍로는 한국의 위스키라 칭할만하다. 한 모금 머금으면 감홍로에 첨가된 일곱 가지 부재료의 향이 입안에 활짝 퍼진다. 용안육에서 나오는 곶감 같은 단맛이 40도의 높은 도수를 편안히 즐기도록 해준다. 그래도 독주이니 무심코 들이켜면 헛기침을 하게 될 수도 있다. 유럽인들이 유독 뜨거운 반응을 보이는데, 칵테일이나 리큐르에 많이 사용하는 계피와 오렌지 껍질의 맛과 향에 익숙하기 때문이라고 생각된다. 꿀과 얼음을 넣어 온더락 스타일로 마셔도 좋고, 따뜻한 물을 타서 마셔도 좋다.

붉고 고운 그 술빛

홍소주

임이시여,
그 은솥 깨지 마오

임이시여,
그 은솥 깨지 마오

루비처럼 황홀하게 붉은 홍주를 처음 만난 것은 전라남도 진도가 고향인 지인과의 술자리에서였다. 상표도 붙지 않은 커다란 갈색 술병을 탁자 위에 툭 올려놓고 한 잔을 따라 내주는데 그 색이 어찌나 강렬하였던지, 맛보다 붉은 술 빛이 더 깊게 기억에 남았다. 그 후로 한참 뒤, 관서감홍로를 배우던 날에 증류기에서 떨어진 소주 방울이 지초를 통과하면서 마치 붉은 잉크처럼 술을 타고 번지는 것을 보는 순간, 비둘기 한 무리가 날아오른 듯이 푸드득 하고 마음이 요동치면서 장작불 앞에 앉아 불구경을 하듯 넋을 놓고 바라보았던 기억이 있다.

진도홍주와 고문헌 속 홍소주, 홍로주, 홍주, 내국홍로주, 관서감홍로는 이름과 제법이 조금씩 다르지만 지초로 붉은빛을 내는 소주라는 점에서는 같다. 문헌에는 관서감홍로를 홍로주 중 상품上品이라 기록하

지초로 붉은빛을 내는 진도홍주 제조 시연

고 있으니 그 혈통을 짐작할 수 있다. 차이점이 있다면 홍소주, 홍로주, 홍주, 내국홍로주는 지초만을 사용하지만 관서감홍로는 이외에 꿀로 단맛을 낸다. 이 글은 감홍로와 진도홍주로부터 시작되어 내 마음속에 궁금증이 커져만 가는 붉은 소주에 대한 탐색의 기록이다.

『조선왕조실록』에 홍소주가 처음 등장하는 것은 성종 11년(1480) 7월의 일이다. 성종은 예조판서 이승소와 도승지, 김계창 등을 태평관에 보내 중국 사신에게 진헌 물품을 전달하도록 했는데 방대한 종류와 수량의 물품 속에 홍소주 10병과 백소주 10병이 들어 있었다. 이날 이후에도 중국의 요청에 따라 홍소주를 10병에서 20병 남짓 중국에 보낸다. 진헌 물품 속 홍소주와 백소주가 궁중에서 빚은 것인지 사가의 것인지는 이 기록만으로 알 수 없지만 홍소주가 궁중에서 빚어져 왔고, 귀한 대접을 받은 술이라는 것은 이후의 실록의 자료를 통해 유추가 가능하다.

당시 홍소주의 귀함은 사람 목숨값만 했는지 『성종실록』 235권에 기록된 성종 20년(1489)의 기록을 보면, 궁궐의 청소와 수라를 담당하는 전연사의 종 '비라'라는 자가 내의원의 홍소주를 훔쳐 마시다 들켜 잡혀오자 형조에서는 성종에게 그 죄를 낱낱이 상복詳覆° 해 달라 청한다. 그럼에도 성종은 노비 비라의 사형만은 감해주라는 명을 내린다. 문헌의 기록들로 볼 때, 내의원의 홍소주는 왕이나 대비 전에서 몸에 습한 기운을 없애기 위해 약으로 조금씩 쓰던 술이니 궁궐 안 누구라도 그것을 모를 리는 없었을 것이다. 그런데도 대체 비라라는 자의 무모함은 어디서 나온 것인지, 혹 홍소주의 붉은빛에 홀려 순간 넋을 잃었던 것은 아닌지 모를 일이다.

성종 재위 당시, 궁중 홍소주의 제조방법에 대한 직접적인 기록은 없지만 70여 년 후의 기록인 조선 명종 시대 문신 어숙선이 쓴 『고사촬요』(1554)에 궁중의 술인 향온을 술덧으로 사용하여 지초로 붉은빛을 내는 홍로주의 제법이 전해진다.°° 이후 이 제법은 『산림경제』(1715)의

° 사형에 해당하는 죄를 지은 자를 다시 심의하는 일.

°° 『고사촬요』의 원문에는 지초가 누락되어 있으나 『고사촬요』를 첨삭, 보완하여 집필한 『고사신서』에는 지초가 포함되어있다.

내국홍로주, 『고사신서』(1771)의 내국홍로주, 『고사십이집』(1787)의 홍(로)주, 『임원십육지』(1827)의 내국홍로방으로 이름이 바뀌어 전해지지만 모두 동일하게 향온을 술덧으로 쓰고 지초로 색을 낸다. 술 이름 앞에 붙은 '내국內局'은 궁궐의 약재를 관리하던 내의원의 별칭이니, 이 제법이 궁중에서 유래되었음을 짐작할 수 있다. 한편 허준의 『동의보감』(1610) 「잡병편」에는 소주에 지초를 잘라 넣어 홍색을 내는 조홍소주법이 전해지는데 이를 속방俗方이라 기록하고 있다. 이 '속방俗方'이라는 말을 중국 문헌의 인용이 아닌 당시 조선 사회의 풍습과 저자의 경험을 기록한 것으로 본다면, 당시 어의들이 만들었던 내의원의 홍소주가 이와 같지 않았을까 라는 생각이 든다.

술 공부를 하다보면 가끔 안타까운 순간들도 만나게 되는데 그중 하나가 인조 시대에 홍소주가 겪은 참사다. 병자호란의 참혹함 뒤에 인조와 정부가 당면한 과제는 민심을 수습하는 일이었을 것이다. 헌부(사헌부)는 내의원에서 증류기로 사용하는 은솥과 주기를 문제 삼고 나선다. 내의원에서 은그릇을 사용하여 술을 빚는데 꼭 그럴 일이 무엇이 있겠느냐, 부수어 없애라는 강권의 주청이다. 이에 인조는 주방의 은기는 소독을 위함이지 미관을 위함이 아니라 하여 반려를 하는데 이것이 인조 15년(1637)의 일이다. 그 후 1년 뒤, 헌부가 다시 같은 명분으로 인조를 압박한다. 내의원의 은기를 파기함으로써 절감의 모범을 보이라는 것이다. 결국 인조는 결단을 내리고 마는데 "약방의 주기가 향락을 위함은 아니나 대신들의 말이 그러하니 파기함으로써 나의 잘못 하나를 제하도록 하라." 명한다.

> "홍소주는 은솥이 아니고는 그 색과 맛을 낼 수가 없습니다. 시범적으로 동솥으로 술을 다려도 보았으나 차마 올릴 수 없었습니다."•
>
> _『인조실록』 중에서

내의원內醫院 도제조都提調가 나서서 이 은솥이 전대로부터 사용이 되던 것을 전란 중에 잃게 되어 상의원에서 다시 제작한 것이며, 은솥이 아니고서는 홍소주의 품질을 보장할 수 없다는 이유를 들어 간청해보았지만 인조의 마음을 돌리지는 못했다. 헌부의 연이은 주청에 따라 은솥을 파기한 인조 16년(1638) 5월 이후 홍소주에 대한 기록은 『조선왕조실록』에서 더 이상 보이지 않다가 120년의 시간을 넘어 영조 5년(1729) 『승정원일기』에 조제弔祭에 쓸 향온이 떨어졌으니 대신 홍소주를 봉납할 것을 청한다는 기록과 영조 32년(1756) 금주령에도 불구하고 사대부가에서 홍로주紅露酒가 쓰여 적발하였다는 보고를 받은 영조가 엄히 단속할 것을 명하는 내용으로 『조선왕조실록』에 전해진다.

• 內醫院都提調啓曰 酒房之用銀鍋 乃祖宗朝流來舊物也 丙子之亂 破不可用 還都後 令尙方改造 此不過重新舊物也 憲府箚中所陳必出於泛聞 而聖上之特命撞破者 實是從諫之美意 但紅燒酒 不用銀鍋 則不成色 味 試令銅鍋煮之 則果不堪進御 燒酒所以驅濕 銀鍋所以銷毒 非爲玩好之物 而重新舊物又非創造之比 破已成之器 而後若改造新鍋 則事未妥當 玆敢仰稟 上不許

지초로 붉은빛을 낸 이 홍소주 형태의 술은 언제부터 민가에서 빚어졌을까? '더운데 고생하는 대간과 홍문관의 대신들에게 홍소주 네 병을 내렸다.'는 중종 대의 기록을 보면 그 이전부터 홍소주의 맛을 본 대신들이 궁중의 홍소주 빛과 맛을 알음알음 민가에 전하는 전파자의 역할을 했을 것이다. 또한 민가의 방식이 궁중으로 유입되기도 하니 어느 것이 먼저인지 가리기는 어렵다. 허나 『신증동국여지승람』(1530)과 『세종실록』의 기록에 의하면 지초는 한반도의 여러 지역에서 두루 생산되던 토산품인 데다 소주가 나오는 귀때에 지초를 받쳐두기만 해도 붉은 소주를 얻을 수 있으니 고려 말엽 소주의 도입기부터 조선 시대 전반에 걸쳐 소주를 빚던 민가에서 자생적으로 터득하여 두루 사용하였던 방법은 아니었을까 하는 생각도 든다. 다만 궁중에서는 홍로주를 은솥으로 내리기에 여염집의 것과는 맛이 다르다는 『고사신서』의 기록•으로 보아 민가에서는 은솥이 아닌 다른 재질의 증류기를 사용한 것으로 보인다. 홍소주가 궁중에서 쓰이던 이름이라면 (내국)홍로주는 궁중의 제법을 차용한 사가의 술이라는 생각이다.

홍소주가 내의원에서 향온이라는 궁중의 술을 이용해 은솥으로 빚던 과거의 소주라면 현대에는 진도의 홍주가 있다. 진도홍주의 기원에 대해서는 두 가지 설이 전해지는데 그중 하나는 성종 때 재상 허종

◦ 釀法如香醞 而麯則以二斗為限 香醞三瓶二鐥燒出一瓶 承露時以芝草一兩 細切置于瓶口 則紅色濃深 內局則以清酒用銀器煮取 故與外處燒酒不同

집에서 홍주 만들기 (연출 사진)

(1434~1494)과 허침(1444~1505)이 성종의 비, 윤씨의 폐비를 논하는 어전 회의에 참여하기 위해 나서는 길에 누이가 준 홍주를 마시고 낙마를 하여 어전 회의에 참석하지 못해 화를 면했다는 이야기이다. 이는 널리 알려져 있지만 나는 아직 당시 허종이 홍주를 마시고 말에서 떨어졌다는 이 이야기의 단초가 될 만한 기록을 찾지 못했다. 야사에는 허종이 낙마를 하였다는 기록이 있을 뿐 술에 대한 언급은 없으니 허종 형제의 홍주에 관한 이야기는 최근에 이르러 더해진 이야기로 짐작된다.

1994년 12월, 진도의 홍주는 전라남도 무형문화재 제26호로 지정이 되어 기능보유자 허화자 씨가 전수에 노력하였으나 2013년 허화자

기능보유자가 작고하였고, 지금은 진도대복 영농조합법인, 대대로 영농조합법인 등의 대여섯 업체가 지역특산주 면허를 받아 진도홍주를 생산하고 있다.

진도에는 삼보삼락三寶三樂이 있다. 그 유명한 진돗개와 구기자, 돌미역이 진도의 세 가지 보물이고, 진도 민요와 진도의 서화, 진도홍주가 진도의 세 가지 즐거움이라 한다. 구성지고 애절한 진도 민요와 선비의 기개를 담은 서화, 붉은 구슬 같은 홍주가 한자리에 어우러지는 장면은 상상만으로도 멋이 넘친다. 탯줄까지 풍류가 흐르는 이 땅의 문화적 정서는 중앙에서 유배 온 학자와 문인들과 무관하지 않을 것이다. 이 진도홍주의 명맥을 잇기 위해 진도는 루비콘이라는 공동 브랜드로 진도홍주를 알리고 있는 데다 지리적 표시제• 등록을 통해 사용하는 원료를 진도의 것으로 한정하고 관리하며 2007년부터는 진도 군수가 나서서 그 품질을 보증하는 군수품질인증제를 시행하고 있다. 이런 노력들이 이 귀한 홍소주의 명맥을 이어나가는 힘이다.

• 상품의 품질과 특성 등이 그 상품의 원산지에서 비롯된 경우, 원산지의 이름을 상표권으로 인정해주는 제도.

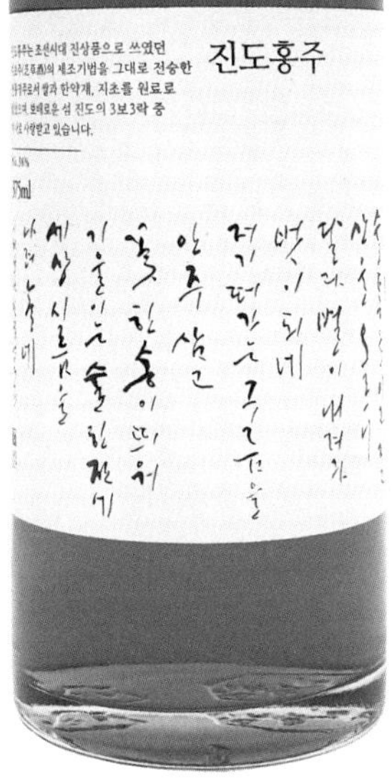

제품명 명품 진도홍주
생산자 대대로 영농조합법인 김애란 대표
생산지 전남 진도군 군내면 명량대첩로 288-23
연락처 061-542-3399
원재료 쌀, 지초
식품유형 일반증류주

알코올 도수 38도
경력사항
| 2014 우리술 품평회 리큐르 부문 장려상 진도홍주 루비콘
| 2015 우리술 품평회 일반증류주 부문 장려상 명품 진도홍주
| 농림축산식품부 선정 〈찾아가는 양조장〉

윤기 흐르는 붉은빛이 가슴을 울리는 진도홍주는 백자 잔을 사용하면 그 운치를 더 잘 느낄 수 있다. 열은 대지의 흙내와 꽃 향이 은근히 풍긴다. 붉은빛이 독특하여 칵테일의 기주로도 많이 사용되며 오렌지 주스나 사이다 등의 음료를 가미해 집에서 즐기기에도 좋다. 「춘향전」에 등장한 감홍로에 화청하는 장면처럼 꿀을 조금 넣어 얼음과 함께 섞은 뒤에 초록빛의 허브 잎 하나만을 곁들여도 고운 빛과 함께 건강하게 홍주 맛을 음미할 수 있다.

깊고 진한 맛, 증류식 소주

명인 안동소주

이런 대란大亂
반가워요

이런 대란大亂 반가워요

"갑자기 주문이 몰려드는 거야. 이유를 알 수가 있어야지. 공장으로 찾아오는 사람들도 많고, 전화는 쉴 틈이 없어. 그래서 찾아온 손님을 붙잡고 물었지. 뭐 인터넷 커뮤니티 때문이라는 거야. 우리도 놀랐지."

오랜만에 만난 박찬관 명인안동소주 전수자의 얼굴에 웃음이 피었다. 2014년도에 일어난 이 일이 힘들었던 세월에 잠시나마 단비가 되어 주었노라고 했다. 일명 술 마니아들 사이에 '안동소주 대란'으로 회자되는 이 사건은 음향, 영상 관련 커뮤니티 사이트의 한 회원이 희석식 소주에 대한 의견과 함께 안동소주 시음기와 온라인으로 전통주 구매가 가능하다는 정보를 올린 것으로부터 시작되었다. 이 글을 본 회원들은 앞다투어 온라인 주문을 시작했고 직접 안동으로 달려가기도 했으며,

유쾌함과 용맹함을 장착한 안동소주 시음기를 서로 경쟁하듯 올리게 되면서 한 달여간 이 사이트에 전통주 향내가 물씬 났다는 이야기다. 이렇게 대답을 드렸다. "대표님, 우리도 온라인 홍보 많이 하잖아요. 그런데 열심히 해도 이런 결과를 내기가 쉽지 않거든요. 대표님 복 받으셨네요." 그렇다. 이건 마치 민란과 같은 일이다. 그 불씨를 지펴내는데 역설적이게도 희석식 소주로 대변되는 한국의 소주 시장도 한몫을 했다.

전통 소주를 이야기할 때면 빠지지 않고 거론되는 안동소주의 역사는 언제부터 시작되었을까? 증류를 통하여 금을 얻을 수 있다고 믿었던 아랍의 연금술이 증류주 역사에 큰 몫을 했다. 이 증류 기술은 향수와 향료, 약품을 제조하는 데에 오랫동안 사용이 되었다가 8~9세기에 이르러 와인이나 맥주를 증류하여 높은 도수의 술을 만드는데 응용되기 시작했다. 아랍의 이 기술은 12세기 십자군 전쟁을 통해 유럽으로 전해지게 되었고, 우리나라에 증류 기술이 전해진 것은 13세기경 고려 25대 충렬왕 재위기(1274~1298)로 알려져 있다. 원나라 대에 소주가 전해졌다는 기록은 1596년 중국 명나라의 이시진이 쓴 약초 연구서인 『본초강목本草綱目』에 기록되어 전해진다.

그렇다면 한반도에는 우리 고유의 증류 기술이 없었을까 하는 궁금증도 생긴다. 현존하는 기록 중에 13세기 이전에 소주를 만들어 마셨다는 언급은 없지만 가마솥에 술을 붓고 가마솥 뚜껑을 뒤집어 얹어 증류하는 '논지'라는 증류 형태를 살펴보자면 원나라의 증류 기술 도입 이

전에도 일상생활 속 도구를 사용하여 증류하는 방법을 자생적으로 터득하고 있지 않았을까 하는 상상도 해본다. 중국 역시 문헌의 사례와 유물을 통해 아라비아의 증류 기술이 도입된 13세기 이전에 이미 중국 고유의 증류 기술을 보유하고 있었다는 것을 주장하니까. 그러나 증류 기술을 알고 있었다는 것과 증류주를 만들어 사회 구성원이 대중적으로 음용한다는 것은 다른 문제이다.

소주가 대중적으로 생산되고 소비된 시점은 몽고의 침탈 시기인 고려 말엽을 발화점으로 하여 조선 시대로 접어들면서 본격화된다. 이전 고문헌의 기록에서는 소주의 제조와 음용 기록을 찾을 수 없는 반면 고려 말엽에 이르러서는 소주가 사회적 문제로 대두되기 시작한다. 고려시대 경상도의 원수 김진이 부하 장교들과 함께 밤낮으로 술을 마시고 놀며 책무를 방관하자 이들을 '소주도燒酒徒'라 부르며 손가락질하고 원망하였다는 이야기가 『고려사高麗史』에 기록되어 전해진다. 『조선왕조실록』에는 이 소주에 의한 폐해가 자주 등장을 하는데, 태조 2년(1393)에는 태조의 맏아들인 진안군 이방우가 평소에 술을 즐기더니 소주를 마시고 졸하였다는 기록도 있다.* 이외에도 소주를 마시다 죽은 이들이 여럿 실록에 적힌 것으로 보면, 소주는 몸을 보하는 약으로 쓰이기도 했지만 발효주를 주로 마시던 오랜 음용 관습에 익숙한 신체에 자극적이었

* 甲申 鎭安君 芳雨 上之長子也 性嗜酒 日以痛飮爲事 飮燒酒病作而卒 輟朝三日 諡敬孝 子福根, 『태조실록』 4권.

을 당시의 독한 소주를 자제하지 못한 이들에게는 결국 죽음을 선사하는 치명적인 독약이 되기도 했다는 걸 알 수 있다. 중종 31년(1536)에는 '돌지'라는 여인이 백화주白華酒°와 소주를 이용하여 남편을 독살한 희대의 사건도 전해진다.°°

원의 침탈 시기, 일본으로의 진군進軍을 위한 기지가 있던 지역으로 알려진 안동, 개경과 쌍성총관부가 설치되었던 제주도는 당시 소주 생산의 중심에 있었을 것이다. 700여 년 전 외국으로부터 유입된 신문물이었던 소주는 양조주와 달리 상온에 오래 두어도 상하지 않고, 도수가 높아 조금만 마셔도 취하고 운반도 용이하다는 장점으로 조선의 상류 사회에 무난히 안착했다.

증류주라는 신문물은 쌀, 좁쌀, 수수 등 한반도의 각 지역에서 주로 생산되는 원료를 사용하고 과일, 꽃, 약재를 부재료로 쓰기도 하면서 다양한 방식이 더해져 조선 사회에 토착화되어갔다. 미8군 기지를 중심으로 미국으로부터 들어온 재즈와 로큰롤, 포크송에 한국 전통 음악의 DNA와 정서가 더해져 현대의 K-POP이라는 새로운 글로벌 문화를 만들어 낸 것도 이 증류주의 전파와 비슷하지 않을까? 아무튼 그 자체로도 귀한 양조주인 탁주와 약주를 대여섯 병은 써야 고작 한 병 정도의

° 여기에서 말하는 백화주白華酒란 독성이 있는 흰 꽃 술이라는 의미로 보인다. 이와 별개로 여러 주방문에 전해지는 백화주百花酒는 백 가지의 꽃 또는 다양한 꽃을 넣어 빚은 약주를 말한다.

°° 臣等反覆計之 石乙之於其夫暴死時 用燒酒及白華酒 已現其招 其與聞乎 故斷無疑矣, 『중종실록』 81권.

소주를 얻을까 말까 하니, 당시로써는 귀하기도 귀하고 곡식도 많이 잡아먹는 사치의 술이었다.

인터넷을 뜨겁게 달군 안동소주 대란의 주인공 박재서 명인의 명인 안동소주는 전통의 토대에 현대적인 양조법을 더해 술을 만든다. 깔끔한 술맛을 내기 위해 입국과 감압증류 방식을 사용한다는 설명이다.

한국의 전통 누룩은 종류와 형태가 다양하다. 그중 많이 사용하는 것은 밀 누룩이다. 밀 누룩은 밀을 거칠게 빻아 물과 반죽하여 누룩 틀에 넣고 단단히 밟아 띄워 자연의 미생물을 번식시켜 만드는데 효모, 유산균 등 수많은 미생물의 영향으로 술을 빚으면 복합적인 풍미가 나지만 술맛은 편차가 있기도 하다. 반면, 입국은 당화효소를 가진 다양한 곰팡이 중 한 가지만을 선별해 쌀, 좁쌀, 밀가루 등 익힌 곡물에 종균種菌을 뿌려 만든다. 어떤 종균을 사용하느냐에 따라 맛에 차이가 있어 술맛의 설계가 용이하지만 복합미가 적다는 평도 있다. 전통 누룩과 입국은 각각 장단점을 가지고 있으므로 양조자는 자신이 내고자 하는 술의 맛과 경영방침에 따라 선택을 한다. 한 가지의 종균을 번식시켜 만든 입국이 정원사가 솜씨 내서 가꾼 정원의 장미 꽃밭이라면, 전통 누룩은 온갖 야생화가 하늘의 섭리대로 피어난 봄날의 들판과 같다고 할까.

증류 방식의 경우, 명인 안동소주는 감압증류 방식을 사용한다. 상압증류常壓蒸溜 방식으로 내린 술과 감압증류減壓蒸溜 방식으로 내린 술은 같은 항아리에서 거른 술을 사용하더라도 전혀 다른 술을 증류한 것처럼 맛과 향의 차이가 크다. 상압증류 방식의 술이 농축미가 풍부하고 구수한 향과 감칠맛을 낸다면 감압증류 방식의 술은 그보다 가볍고 탄 향이 없으며 부드럽고 경쾌하다.

일반적으로 소줏고리의 증류 원리는 대기압 상태에서 100℃에 끓는 물과 78.3℃에 끓는 에틸알코올의 비점의 차이를 이용한다. 물과 알코올이 함께 들어있는 술덧을 끓이면 물보다 알코올이 더 빨리 증발되는데, 이것을 응축시키면 높은 도수의 소주가 만들어지고 이 방식을 상압증류 방식이라 부른다. 감압 펌프가 설치된 특수한 증류기를 사용하여 증류기 안의 압력을 낮춰주면 상압 상태보다 낮은 온도에서 증발이 시작된다. 높은 산에서 밥을 지으면 대기압이 낮기 때문에 밥물이 100℃보다 낮은 온도에서 끓는 것과 같은 이 원리를 이용한 것이 감압증류 방식이다. 대개 60℃ 내외의 낮은 온도에서 증류를 하기에 술덧이 탈 염려가 없어 탄내가 없고 곡물의 구수한 향도 적다.

"우리 양조장에서 만든 술에는 우리가 직접 증류한 술 이외에는 뭐가 들어가는 게 없어! 주정酒精•을 타거나 감미료를 넣거나 그런 것 절대 없어요."

세대를 이어가는 명인 안동소주에 대한 자부심으로 가득한 박찬관 전

• 곡류나 고구마, 카사바, 사탕수수 등의 재료를 발효시킨 후 연속식 증류 방식으로 에틸알코올 농도를 95% 정도로 증류한 것. 희석식 소주의 원료로 사용된다.

수자는 부친인 박재서 명인과 꼭 닮았다. 어찌나 비슷했던지 처음엔 내가 명인을 뵌 것인지 전수자를 뵌 건지 헷갈릴 정도였으니. 아버지 박재서 명인이 명인 안동소주의 근간을 지키는 기둥이라면 아들은 빠르게 변화하는 소비자의 요구에 귀 기울이는 창구 역할을 한다. 안동소주를 널리 알리고 맛있게 즐길 수 있도록 다양한 음용 방법을 제시하고 있는데 그중 하나가 칵테일이다.

감압증류 방식으로 증류하여 가벼운 질감과 꽃 향을 지닌 안동소주는 칵테일의 베이스가 되는 술로도 유용해서 한국적 칵테일을 선보이려는 바텐더들에게 자주 러브콜을 받는다. 전통주 칵테일은 맛도 맛이지만, 그 이야기와 함께 단번에 시선을 사로잡을만한 독창적인 외형으로 SNS를 통해 입소문이 퍼지기 쉬워 전통주를 널리 알리기에 그만

명인 안동소주 칵테일 '공정한 화합', 사진 제공 김태열

이다. 게다가 현장에서 단련된 재치 있는 입담과 세련된 매너를 가진 바텐더들의 화려한 퍼포먼스는 행사장의 시선을 한 번에 집중을 시켜 국내외 전통주 행사에서 환영받는다. 평창 동계올림픽 홍보의 일환으로 2017년 주 이탈리아 대한민국 대사관과 한국문화원 주최로 열린 유럽 언론인 대상의 행사에서는 박재서 명인의 안동소주를 기주로 사용하여 생강 시럽, 우유, 꿀, 볶은 메밀을 써서 만든 전통주 칵테일을 선보였다. 눈 덮인 한국의 겨울과 동계올림픽의 열기를 잘 표현해 유럽 각지에서 참여한 언론인들로부터 주목을 받기도 했다.

제품명 명인 안동소주
생산자 명인안동소주 박재서 명인
생산지 경북 안동시 풍산읍 산업단지 6길 6
연락처 054-856-6903
원재료 백미, 조제종국, 효모, 누룩, 정제효소제
식품유형 소주(증류식소주)

알코올 도수 45도
경력사항
| 전통식품명인 제 6호
| 2010 대한민국 우리술 품평회 증류주부문 최우수상
| 2011 대한민국 우리술 품평회 증류주부문 최우수상
| 2012 대한민국 우리술 품평회 증류주부문 대상
| 농림축산식품부 선정 〈찾아가는 양조장〉

전통 소주라 하면 많은 사람들이 먼저 떠올리는 것이 안동 지역의 소주이다. 박재서 명인의 안동소주는 쌀과 입국을 사용하여 술덧을 만든 다음 감압증류 방식으로 증류를 한다. 맛과 향이 가볍고 담려하여 전통 소주를 처음 접하는 사람이라도 편안하게 마실 수 있다. 25도와 35도, 45도 세 가지 도수의 제품이 있으므로 기호에 맞춰 선택이 가능하다. 담금주를 위한 3.6L나 되는 대용량 제품도 판매를 하니 인삼, 영지 등의 귀한 약재로 술을 담글 때 사용하면 좋다.

깊고 진한 맛, 증류식 소주

민속주 안동소주

싱글몰트 좋아하세요?
그럼 이 소주

싱글몰트 좋아하세요?
그럼 이 소주

"기업 교육 담당자가 조옥화 안동소주 40병 주문하고 싶다는데 어째?"

"응, 오빠. 인터넷으로 주문하면 된다."

"검색해보니 ○○○ 사이트가 제일 싸네."

"카드 결제도 되니까, 그게 제일 정확하고 빨라."

〈새벽기차〉, 〈수요일에는 빨간 장미를〉, 〈풍선〉 등으로 1980년대 후반 인기몰이를 했던 그룹 '다섯손가락'의 작사, 작곡가이자 기타리스트이면서 동시에 보컬이기도 한 이두헌은 나의 친오빠이다. 대학생 시절에 그 인기가 참 대단해서 오빠 덕분에 집에 사탕이나 초콜릿이 떨어지는 날이 없었고, 비 오는 수요일이면 빨간 장미 한 송이를 건네는 것이 하나의 이벤트로 자리를 잡아 화훼 농가의 소득에도 이바지를 했다. 지금은 음악 활동도 꾸준히 하지만 대학에서 후학을 양성하는 동시에 대기업 임직원들을 대상으로 음악과 경영을 접목한 강의로 이름을 날리는 명강사이다. 한때는 와인에 심취하여 작은 집 한 채 값은 족히 술에 바친 디오니소스의 자식이었던 적도 있지만, 정작 지금은 커피에 심취해 술을 거의 마시지도 않으면서 강의 자리마다 전통주를 들고 다니며 홍보대사를 자처한다. 동생이 전통주를 업으로 삼았다는 이유만으로 말이다.

누군가가 선물로 준 술이라고 했다. '조옥화 안동소주'를 맛본 오빠는 들뜬 목소리로 전화를 했다. "이건 뭐 환상이구나. 나 이 술 너무 좋다." 그 후로는 어디를 가든 조옥화 명인의 안동소주를 찬사하고 심심치 않게 주문을 끌어낸다.

그간 여러 양조자들을 만나 인연을 맺어 왔지만 사실 나는 여태껏 조옥화 명인을 뵙지 못했다. 업무상 아주 가끔 안동소주박물관의 관장으로 계신 아드님과 통화를 했을 뿐이다. 그러나 이 술은 내가 강의를 하는 데에 아주 적합하고 유용한 기준점을 주기 때문에 기회가 닿을 때마다 빠지지 않고 소개를 하게 된다. 소주의 본향으로 알려진 안동 지역에는 안동이라는 지명을 달아 술을 출시한 양조장이 여럿 있다. 농림축산식품부에서 지정한 전통식품명인의 술로는 박재서 명인의 명인 안동소주와 조옥화 명인의 민속주 안동소주가 있고 이 외에도 안동소주 일품, 양반 안동소주, 명품 안동소주가 유명하다.

이 다섯 회사의 술은 안동이라는 한 고장을 탯줄로 두고 있고, 그

재료로는 쌀과 누룩과 물, 이 세 가지 이외에 다른 부재료를 사용하지 않는다. 각각 전통 누룩, 쌀 입국, 개량 누룩, 생쌀 발효를 위한 무증자無蒸煮 누룩 등 사용하는 발효제에 차이가 있고, 증류하는 방식도 감압증류 방식과 상압증류 방식으로 달리하다 보니 조금의 정보와 설명을 곁들인다면 일반인이 맛을 보아도 브랜드별로 미묘하게 맛이 다르다는 것을 느낄 수 있다. 그러니 제조 방법에 따라 천양지차의 맛을 보이는 이 안동소주는 나처럼 술맛을 강의하는 사람에게는 하늘에 감사할 찬거리인 셈이다.

조선 왕조 때에 자주 시행이 되었던 금주령과 1909년 일본에 의한 주세법의 제정, 1960년대에 식량 부족을 극복하고자 시행이 된 양곡 관리법에 의해 쌀로 빚던 소주를 철저히 차단한 밀주 단속의 시기에도 이집 저집 쉬쉬하며 법의 테두리를 남모르게 넘어가며 술을 빚어 그 명맥을 이어온 소주의 본향이 바로 안동이다. 하지만, 시대의 파고를 넘는다는 것은 참으로 고단한 일이기에 1980년대에 접어들어 이제 국가 차원에서 포문을 열고 '본격적으로 술 자랑하시오. 안 잡아갑니다.'라고 법의 규범을 풀어놓아 보았자 이미 술을 상품화할 만한 기력은 소진되고 없던 터였다.

조옥화 명인은 자신의 집에서 술을 빚어오던 방식에, 안동 지역의 집집마다 내려오던 비법들을 찾아내고 체계화하여 1987년 안동소주 기능보유자로 경상북도 무형문화재 제12호에 지정이 되었고 2000년도에는 전통식품명인 제20호로 지정되었다. 1999년 영국 엘리자베스 여왕 방한 당시에는 생일상과 함께 안동소주를 내놓아 화재가 되기도 했다. 이후 영국의 앤드류 왕자가 다시 20년 만에 안동의 하회마을을 찾았는데 한국 방문 전 엘리자베스 여왕으로부터 전달받은 메시지에서 안동 하회마을에서 받았던 생일상이 특히 인상에 깊이 남았다는 소감을 전해 들었다고 한다.

전통 소주의 특색을 잘 나타내는 조옥화 명인의 민속주 안동소주는 한국의 전통주를 소개하는 자리라면 단골손님처럼 등장을 한다. 김협 국가대표 소믈리에가 2018년 평창 동계올림픽을 참관하러 온 외국인들을 대상으로 진행한 한국의 전통음식과 전통주를 소개하는 자리에서도 깊고 무게감 있는 풍미로 많은 찬사를 받았다.

2018 평창 동계올림픽 참관을 위해 한국을 방문한 외국인들에게 소개된 전통주

조옥화 명인의 민속주 안동소주의 원료는 단순하다. 쌀 한 가지와 직접 빚은 전통 누룩을 쓴다. 볏짚단처럼 무언가 오랜 그리움이 묻어나는 듯한 토속적인 향기와 구수함을 같이 가지고 있다. 조옥화 명인의 민속주 안동소주는 옛 조상들이 써왔던 소줏고리와 같은 상압증류 방식으로 증류를 한다. 게다가 직접 띄운 개성 강한 밀 누룩을 사용하고 장기간 발효시킨 술덧을 쓰기에 그 특색이 더해서 여타의 안동소주와 다른 맛의 특징들이 있다.

안동소주 시음 전에 살짝 질문을 던져 본다. "혹, 싱글몰트 위스키를 좋아하세요? 아니면 브랜디드 위스키를 좋아하세요?" 그동안 다수의 기업 강의와 시음 행사를 통해서 이 두 술맛에 대한 많은 사람들의 반응을 볼 수 있었는데, 싱글몰트 위스키를 좋아한다는 사람은 대개 조옥화 명인의 민속주 안동소주에 표를 던지고, 브랜디드 위스키를 좋아한다는 사람은 박재서 명인의 명인 안동소주에 표를 던지는 경우를 자주 보았다. 그러나 이것은 오로지 나의 경험 이야기이니 혹여 반론의 심정이 드는 위스키 애호가라면 넓은 마음으로 혜량해 주십사 부탁드린다.

조옥화 명인의 안동소주와는 어떤 음식이 잘 어울릴까? 원래 술과 음식은 한 밥상 위에서 자란 동무이기에 그 지역의 음식과 가장 궁합이 잘 맞는다. 바다와 멀리 떨어진 안동 지역은 자반고등어 산지로 유명하다. 쌀뜨물에 담가 짠맛을 적당히 제거한 뒤에 석쇠에 얹어 노릇하게 구워낸 간고등어는 안동소주에 딱 어울리는 안줏거리이다. 짭짜름한 소금기가 소주의 단맛을 잡아끌어내 45도나 되는 술이 달짝지근하게 느껴진다. 서울에서도 흔히 맛볼 수 있는 찜닭의 원조도 안동이다. 적당히 달고 간이 배어 부들거리는 닭고기 살점과 곁들여진 감자며 당면 한 젓가락도 이 유서 깊은 술의 안주로 그만이다.

45도의 조옥화 민속주 안동소주를 적당히 반주로 곁들이고, 마치 안동의 유서 깊은 양반의 걸음처럼 느긋하고도 풍채 있게 걸어 돌아오는 귀갓길은 어떤가? 신분의 고하가 없는 세상이지만 술 마신 끝에는 분명 귀천이 있다.

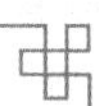

제품명 민속주 안동소주

생산자 민속주안동소주 조옥화 명인

생산지 경북 안동시 강남로 71-1

연락처 054-858-4541

원재료 멥쌀, 누룩(통밀)

식품유형 소주(증류식 소주)

알코올 도수 45도

경력사항

| 경상북도 무형문화재 제12호

| 전통식품명인 제20호

직접 디딘 밀 누룩을 사용하여 술덧을 만들어 쓴다. 지금은 현대화된 증류기를 사용하고 있지만 그 원리는 과거 소줏고리와 같은 상압증류 방식을 통해 소주를 만든다. 연한 볏짚단의 향과 누룽지처럼 구수한 풍미가 난다는 평이 많다.

조옥화 명인의 민속주 안동소주와 대별되는 술에는 박재서 명인의 명인 안동소주가 있다. 민속주 안동소주가 술맛이 깊고 농후하면서 풍부한 풍미를 가지고 있다면 명인 안동소주는 가볍고 꽃 향이 나는 담려한 술이다. 두 가지를 비교하며 마셔보는 것도 전통 소주를 즐기는 재미 중 하나이다.

깊고 진한 맛, 증류식 소주

문배주

우리,

다시 만날 날을 기약해요

우리,
다시 만날 날을 기약해요

술을 좀 한다는 사람들 중에는 문배주를 마시고 이리 말하는 사람들이 있다. 소주가 달다. 배가 들어가서 그런가? 그러나 문배주에는 좁쌀과 수수 이외에 다른 것이 더해지지 않는다. 그럼에도 잘 익은 문배처럼 달달한 향이 난다고 하여 문배주라는 이름이 붙었다.

2018년 4월 27일 판문점 남측 평화의 집에서 열린 남북 정상회담 자리에 '면천두견주'와 '문배술'이 만찬주로 올랐다. 남녘의 진달래꽃술인 충남 당진 면천의 두견주와 북녘의 술인 문배주, 이 두 가지를 올렸으니 최상의 배려와 대우인 셈이다. 문배주는 태생이 이북 술이다. 2000년 6월 평양에서 열린 남북 정상회담 만찬장에서 작고한 김정일 위원이 '문배주는 대동강 일대의 주암산 샘물로 빚어야 제맛'이라고 했다던가? 지금 평양에서는 이 술을 찾아볼 수 없지만 대신 대동강 일대의 주암산 샘물과 물맛이 많이 닮았다는 경기도 김포의 석회암 암반수로 문배주를 빚는다.

언젠가 방문하였던 문배주양조원에서 만난 이승용 전수자의 모습은 참 분주해 보였다. "수수도 심어야죠, 술도 돌봐야죠. 바쁘네요." 하며 환하게 웃는다. 양조장 한편에는 좁쌀 누룩을 띄우는 제국기製麴機°가 돌아가고, 발효 탱크마다 술 익는 향이 달큰하다. 증류한 술을 담아 숙성시키는 커다란 숙성조 속에서 문배주가 시간과 함께 익어가고 있다.

문배주는 눈으로 보기에도 즐거운 술이다. 대한민국 국가무형문화재라는 위상에 걸맞게 술병도 다양하고 세련되게 갖춰져서 선물하기에도 좋다. 하얀 백자에 은행잎 문양이 황금빛으로 반짝이는 '문배술 명작'은 술의 품격을 더욱 돋보이게 만들기에 호텔과 항공사의 기내 판매용으로 인기가 좋고 용 모양이 양각된 백색의 긴 도자기 '문배술 용상'은 700ml 너끈한 용량을 담고도 가격이 저렴해서 좋은 사람들끼리 나눠 마신 뒤 빈 병은 꽃 한 송이 꽂아 두고 보기에도 제격이다. 아무래도 두 명이 마시기엔 병이 좀 크다 싶으면 200ml 유리병에 담긴 '문배술 헤리티지'를 선택하면 된다. 딱 두세 명이 식사 자리에서 한두 잔씩 나누기에 알맞다.

문배주가 젊은 층 사이에 입소문이 난 데에는 이 작은 유리병의 문배술 헤리티지와 칵테일이 한몫을 했다. 가격도 합리적이고 유리병에

° 찐 곡물에 당화효소를 생성하기 위해 종균을 배양하여 입국을 만드는 기계.

중국 베이징에서 열린 한중수교 25주년 기념식에 소개된 문배술 헤리티지

부착한 하얀 종이 위의 '문배술'이라는 다소 투박한 한글 모양새가 예쁘기도 해서 기념품으로 구매하는 외국인도 제법 있다. 또한 문배주로 만든 칵테일인 '블루문'과 '레드문'은 색감도 독특한 데다가 동음이의어로 재치를 더한 이름으로, 마치 '나뭇가지에 매달린 문배'와 '하늘에 걸린 달Moon'이 원래 한뜻이기라도 했던 것처럼 묘하게 어우러진다. 만드는 방법도 간단해서 지거Jigger나 소주잔 등을 이용해 40도의 문배술 한 잔에 블루큐라소 시럽 반 잔, 토닉워터 세 잔 비율로 섞고 얼음을 넣어 저어주면 된다. 푸른 블루문 칵테일의 색감은 시원하고 맛도 고와서 여름날 맑은 하늘을 보듯이 즐기기에 그만이다.

맥주로 유명한 벨기에의 수도 브뤼셀에서는 매년 세계민속축제 포크로리시모Folklorissimo가 열린다. 밀레니엄을 맞아 '새로운 세기를 기념하고 전통을 잊지 말자.'는 취지로 브뤼셀 시청이 만든 이 행사는 시청 앞에 위치한, 세계에서 가장 아름다운 광장으로 불리는 그랑플라스Grand Place에서 열리는데 2012년부터는 매년 주빈국을 선정해서 그 나라의 전통문화와 음식, 공연 등을 선보인다. 일본이 주빈국으로 참가한 제 4회 행사에 이어, 2017년 제5회를 맞은 이 행사에서 한국이 세계민속축제의 주빈국으로 선정되어 이곳에서 한국의 문화와 함께 전통주를 알릴 기회가 주어졌다.

보안의 문제상, 브뤼셀 시청에서 열리는 개막식 전통주 행사 준비를 위해 주어진 시간은 20분이었다. 주빈국인 만큼 150여 명의 참가자에게 와인 대신 한국 전통주 칵테일로 건배를 하게 만들겠다는 우리 팀의 결의를 다진 목표는 치열한 밤샘 준비로 무난히 완수를 했다. 광장으

벨기에 세계민속축제장에서 한국 전통주를 즐기는 사람들

벨기에 브뤼셀 시청에서 문배주 칵테일 시연, 사진 제공 김태열

로 자리를 옮겨 20여 종의 전통주 시음과 함께, 김태열 바텐더가 문배주로 만든 창작 칵테일 '한강의 기적'을 만들어 판매했는데 준비한 칵테일 300잔 물량이 3시간 만에 동났고 벨기에에 수출된 막걸리와 한국술도 2,000여 잔이 넘게 팔렸다.

행사지에서는 대개 그렇다. 미팅과 사전 준비를 거쳐 예정된 행사를 마치고 나면 귀국을 하고 나서야 사진으로 그곳의 풍경을 감상하게 된다. 강행군에도 언제나 신명을 내주었던 나의 소중한 동료들에게 그저 한없이 고맙고 미안한 마음이다.

전통주 관련 행사를 진행할 때면 사람들의 반응과 현장 분위기를 보며 여러 생각을 하게 된다. 이날 역시 배움과 함께 한 보따리의 고민을 숙제로 안고 왔다. 15세기에 지어진 시청을 둘러싼 17세기의 유적과 같은 건물에서 자국의 술, 맥주를 파는 나라. '새로운 세기를 기념하고 전통을 잊지 말자.'는 포크로리시모 축제의 정신은 우리의 법고창신 정신과 많이 닮았다. 전통은 박물관의 유물이 아니라 현재의 시간 속에 창조되고 살아 숨 쉬는 것임을 믿고 있다.

문배주는 그 술맛에 매료되어 스스로 문배주 홍보대사가 되겠다고 팔을 걷고 나서주는 팬들이 많다. 국내 배터리 제조설비 기술을 '글로벌 TOP 3'로 끌어올린 자랑스러운 한국의 기능장인 (주)무진서비스의 최은모 대표의 문배주 사랑도 대단하다. 그는 평소 외국 바이어들을 초대하는 자리면 꼭 이 문배주를 소개한다고 한다. '한국에 와서 소맥은 많이 마셔보았을 터이니 이제 진짜 한국 술로 한잔 하자.'하며 호리병에 담긴 문배주를 올려놓는 순간, 바이어들의 눈이 호기심으로 총총해진단다. 거기에 '이것은 한국의 국가무형문화재로 나라에서 자랑하는 술이다.'라며 한마디를 보태면 자리가 사뭇 진지해지고 격조가 더해진단다. 한국의 전통 소주는 그 향과 빛깔을 느끼면서 천천히 마시는 것이지 그냥 마구 들이켜는 술이 아니라는 조언을 곁들이며 한국의 발전된 과학기술은 한순간에 이루어진 것이 아니라. 뿌리 깊은 문화적 토양 속에서 나왔다는 사실을 증명해 보인다.

아버지로부터 그 아들에게 전해지고, 다시 그 아들에서 아들로 전해진 술. 아버지의 집채만 한 강건한 어깨가 세월 속에 신화를 벗고 현실의 무게로 보이는 날, 작은 술상을 앞에 두고 문배주 한 잔으로 부자의 정을 나누어 보는 것은 저녁은 어떨까? 세월 속에서 이제는 아버지와 나란히 두 개의 그림자를 만들며 걷게 된 이 땅의 모든 아들들에게 이 술을 추천한다.

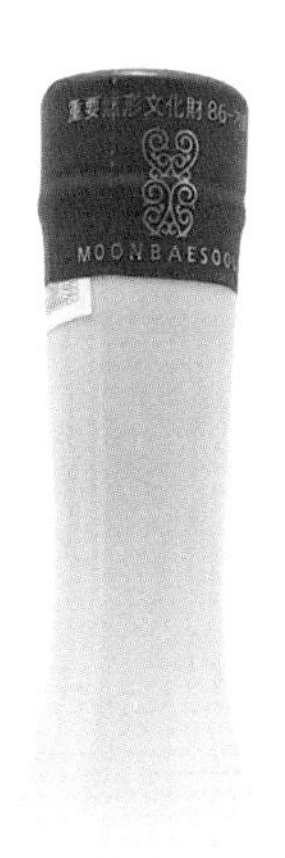

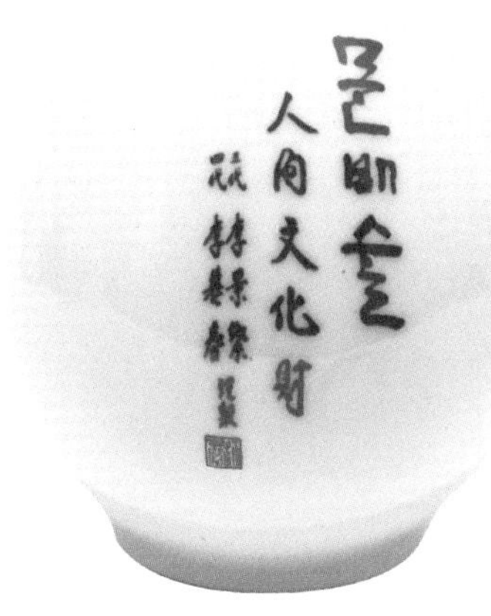

제품명 문배술
생산자 문배주양조원 이기춘 명인
생산지 경기도 김포시 통진읍 검암2로 15번길 27
연락처 031-989-9333
원재료 좁쌀, 수수
식품유형 소주(증류식 소주)

알코올 도수 40도
경력사항
| 식품명인 제7호
| 국가 무형문화재 제86-1호
| 2000 남북 정상회담 만찬주 지정
| 2018 남북 정상회담 만찬주 지정

40도의 증류식 소주답게 뜨끈한 목 넘김 뒤에 슬쩍 단맛이 올라온다. 쌀 소주에 비해서 농익은 과일의 향이 제법 더 난다. 40도의 문배술은 좁쌀과 수수만으로 만들지만 23도의 문배술은 좁쌀, 수수와 함께 쌀을 넣어 발효한 뒤 증류하여 만든다.

문배주와 어울리는 음식을 추천해 달라는 요청을 받을 때면, 아주 맵고 자극적인 음식만 아니라면 기호에 따라 좋아하는 음식과 편히 드시라 권한다. 여름철 보양에 좋은 민어를 구해 회로 먹고 전도 굽고, 뼈에 남은 살은 푹 고듯이 끓여 맑은 탕을 만들어 곁들여도 좋다. 심심한 맛의 평양냉면과도 좋은 궁합이다. 문배주뿐 아니라 도수가 높은 대개의 전통 소주들에 매운 음식은 피하는 것이 좋다. 매운 음식은 혀를 마비시켜 술의 맛을 느끼기에도 어렵고, 지나치게 매운 맛과 높은 도수의 술을 함께 곁들이면 위와 장에 자극을 줄 수도 있다.

깊고 진한 맛, 증류식 소주

미르

인생 2막의 꿈,
용이 되어 날다

인생 2막의 꿈,
용이 되어 날다

2012년의 어느 날이었다. 젊은 술꾼으로 익히 알려진 류인수 소장이 이끄는 한국가양주연구소 '전통주 지도자' 과정의 일 년 공부 마무리를 앞둔 어느 날, 수료생 여럿이 머리를 모아 양조장 이름 짓기에 고심했다. 이런 저런 제안들이 나왔지만 마땅한 것이 좀체 나오지 않던 때, 당시 중견 건설회사의 대표였던 박정현 선생이 "술샘 어떤가? 술이 나오는 샘물, 즉 주천酒泉°의 의미도 되고 술 가르치는 선생이라는 말도 될 듯한데?"라는 아이디어를 내놓았다. "딱이네요!" 하고 거든 여럿 중에 나도 있었다.

동기들 몇 명이 힘을 합쳐 양조장을 내겠다고 나섰을 때 '난 됐소.'

° 강원도 영월군 주천면의 술이 샘솟는다는 돌, 주천석에 얽힌 설화에서 유래.

경기도 용인에 위치한 술샘 양조장

하며 일찍 백기를 들었다. 내가 하고 싶은 일은 양조장 하는 '술샘'이 아니라 술 가르치는 '술샘'이기 때문이기도 했고, 그 앞날의 고생을 익히 예견했기 때문이기도 했다.

용인 시내 건물 한쪽을 빌려 누룩을 만들며 고심하는 날이 여러 날, 이화주를 대중화시키기 위해 머리를 맞대던 날도 여러 날. 종래에는 쌀 소주를 만들어 내더니, 술샘의 전 제품을 판매하고 시음할 수 있는 세련된 카페와 전시장 그리고 체험 시설까지 갖춘 양조장도 세웠다. 그간의 고생을 헤아릴 수 없이 듣고 본 나로서는 '거봐라, 안 끼어들기 잘했지.' 하며 위안했던 것도 여러 날이다. 양조장 식구들의 고집이 황소 심줄보다 질겨서 술맛을 내는 일에는 물론이거니와 재료 선정뿐 아니라 포장재 하나에도 좀체 적당히 넘어가고 타협하는 느슨함이 없어 그 고충이 더 컸으리라는 짐작이다.

쌀 소주의 이름은 용을 일컫는 순우리말인 '미르'로 지었다고 했다.

경기도 용인龍仁시에서 난 술이니 미르이고 이무기처럼 물 밑머리에서 머물지 않겠다는 악 다짐에서 나온 이름이기도 하다. 이 집념의 술은 결국, 용처럼 날아올라 양조장 설립 5년 만인 2018년에 대한민국 우리술 품평회에서 최고의 영예인 대통령상을 거머쥐었다.

경기도 용인의 쌀, 그중에서도 햅쌀만을 수매하여 술을 빚는다. 누룩부터 시작한 양조장답게 술에 사용하는 누룩은 직접 띄워서 사용한다. 술에 개성을 부여하는 것은 누룩이기에 내 양조장의 술에는 내 집 것을 사용해야 한다는 믿음 때문이다. 재료를 깐깐히 골라 누룩을 만들어 술을 빚고, 이 술을 청동으로 만든 증류기로 증류한다.

쌀 소주인 미르의 개발에 투자한 시간만큼 증류기를 제대로 갖춰내는 데에도 이래저래 많은 공을 들었다. 상압증류 방식으로 증류를 해 구수하고도 묵직한 향이 돈다. 그래서 이 술을 맛본 사람들은 "무슨 소주가 이렇게 달큰하고 크래커처럼 고소한 향이 돌아요? 견과류 같은 향들도 난다."하며 재미있어한다. 원래 한국 소주는 어떤 방식으로 양조한 술덧을 소주에 쓰느냐, 어떤 방식의 증류법으로 증류하느냐, 증류기 재질은 어떤 것을 쓰느냐, 숙성 기간과 사용하는 숙성 용기, 숙성 방법에 따라 맛이 천양지차여서 골라 마시는 재미가 있다고 잘난 척을 하고 싶어진다.

증류주를 만드는 사람들의 욕심은 더욱 불같은 기운을 머금은 술을 만들고자 하는 바람으로 이어지기 마련인지라, 미르 25도와 40도에 이어 최근에는 54도의 농밀감 넘치는 신상품도 내놓았다.

인생의 쓴맛을 제대로 겪어봐야 어른이 되고 비로소 소주가 달게 느껴진다고들 하는데, 인생의 역경을 통해 입맛이 단련된다는 것은 인생 선배 술꾼들의 무용담 같은 품평이 아닌가 싶다. 희석식 소주로 불리는 대중적 소주는 대부분 실제로 꽤나 달다. 95% 에틸알코올로 이루어진 주정을 물로 희석하였기에 그 맛에 별다른 특징이 없어, 먹기 좋게 만들기 위해서 단맛을 내는 감미료 등을 넣어 맛을 조절하기 때문이다.

대학 신입생 시절, 객기로 마신 희석식 소주에 크게 혼쭐이 난 뒤로는 몸이 알아서 이 술을 회피해서 오랫동안 희석식 소주를 마시지 못했었는데, 최근 맛본 그 술이 몹시 달아서 놀란 기억이 있다. 하기야 세월을 거치며 25도의 술이 17도 내외로 약해지고 여러 방법으로 그 맛을 더 순하게 만들고자 노력하였으니, 달고 순하게 느껴지는 것이 당연할지도 모른다. 미르의 단맛은 희석식 소주의 단맛과는 많이 다르다. 인공이건, 천연유래 성분이건 간에 여타의 단맛이 날 만한 무엇도 따로 첨가하지 않는다. 도수가 높은 증류식 소주는 그 맛 자체로 독한 기운 뒤에 꽃처럼 피어나는 달큰함이 있다.

요즘 잘 나가는 이들의 행보에 가끔 배가 살살 아프기는 하지만, 그래도 칭찬을 하나 보태자면 술의 외관에도 과감한 투자를 아끼지 않는다는 것이다. 전통주 시장에서 어찌 보면 가장 취약한 부분이었던 술

병이며 레이블도 전통의 미와 현대적 감각을 잘 조화시켜 개성 있게 만들었다. 박스 포장도 잘 갖춰 제품에 격을 높였다. 버는 족족 이것저것 새로운 장비를 들이고 제품 개발에 바쁘니 쌓아둔 돈은 하나도 없을 것이 분명하다. 내심 또 한 번 '끼어들지 않기를 잘했지.' 하며 위안을 얻는다.

술샘에서 생산되는 술로는 홍국 쌀로 만든 빨간색 막걸리 '붉은 원숭이'와 '술 취한 원숭이'가 있고 감사의 마음을 담은 약주 '감사'도 만든다. 고려 시대부터 만들어 즐겼다는 떠먹는 탁주인 이화주도 생산하는데, 뽀얀 술의 색을 따서 '백설공주'라 이름을 붙였다. 이화곡을 사용한 누룩소금과 최근에는 양조식초를 개발하여 상품화하였으니 아마 이 제품들을 담을 병과 박스들을 쌓아두기에도 양조장보다 더 큰 창고가 필요할지도 모르겠다.

다행이라면 가양주연구소 출신의 젊은 술꾼들과 신인건 대표의 따님이 술샘을 든든히 받치고 있다는 점이다. 전통주 소비자가 20~30대의 젊은 층이라는 것을 감안하면 시장의 요구를 파악하고 즉각적으로 반응할 젊은 피가 절대적으로 필요한데, 이런 지원군이 있다는 것은 큰 복이다. 최근 작은 양조장을 중심으로 2, 3대가 함께 양조장을 경영하는 곳들이 늘고 있어 전통주 시음회나 관련 축제장이 봄꽃 핀 듯 환해졌다.

어깨가 처지고 발걸음이 한없이 무거운 날, 무에서 유를 일구어낸 장한 술샘들의 미르를 마셔보자. 한 잔마다 그 향을 음미하고 천천히 맛을 헤아려 가다보면, 인생은 끝없는 도전이며 인생 2막의 커튼은 더디 올라가되, 그 무대는 장대할 것이라는 자신감과 용기를 얻게 될 것이다.

인생 후반에 새로 걷는 길은 뛰며 내달리는 길이 아니며, 지름길로 내쳐가거나 눈 속여 가는 길도 아니다. 그저 풍광을 보며 천천히 걷고 오르다 보면 곧 쉴만한 푸른 들판도 만나게 된다는 것을 보여준 '술샘'의 술샘들에게 감사와 갈채를 보낸다.

제품명 미르
생산자 농업회사법인 (주)술샘 신인건 대표
생산지 경기 용인시 처인구 양지면 죽양대로 2298-1
연락처 070-4218-5225
원재료 쌀 100%
식품유형 소주(증류식 소주)

알코올 도수 40도
경력사항
| 2018 우리술 품평회 대통령상
| 농림축산식품부 선정 〈찾아가는 양조장〉

미르는 경기 지역의 햅쌀을 수매하여 직접 생산한 누룩으로 술을 빚어 증류한다. 동 증류기를 사용한 상압증류 방식으로 술을 내려 견과류처럼 고소하고 풍부한 곡물의 향이 특징이다. 원료의 선별과 전통 누룩의 사용으로 전통 소주의 맥을 이어가되 현대식 설비와 과학적 양조로 발전을 모색하는 신흥 양조장의 저력과 한국 소주의 다양성을 맛볼 수 있는 술이다.

25도의 제품은 차갑게 마시는 것이 좋지만 40도와 54도는 상온에서 맛보기를 추천한다. 향도 그윽하지만 맛에 집중을 하면 상압증류 방식의 술의 특징대로 도톰하고 농축감 있는 맛이 열린다. 막국수처럼 시원하면서도 담담한 면류도 좋고, 장어구이나 삼겹살 구이, 오래 끓인 백숙과도 맛의 합이 좋다.

깊고 진한 맛, 증류식 소주

삼해소주

돼지처럼 느리게,
슬로우 슬로우

돼지처럼 느리게,
슬로우 슬로우

리미드컬하면서도 나지막한 저음으로 말을 이어가는 목소리가 마치 흑백 영화 속의 할리우드 배우 같다. 얼핏 '나는 술 일을 하는 사람이오.' 한다면 당연히 맥주 양조나 와인 관련 일을 하나 보다 싶어질 듯하다. 무게감 있는 목소리만큼이나 허둥대거나 서두는 법이 없는 그는 느긋하게 익혀 내린 술, 삼해소주를 만드는 김택상 명인이다.

삼해소주는 김택상 명인의 어머니 이동복 여사가 삼해소주 대물림의 역사와 그 솜씨를 인정받아 서울시 무형문화재 제8호로 지정되며 빚어온 술이다. 대기업에 다니던 김택상 명인은 회사 생활을 접고 어머니의 손맛을 전수받기 위해 보낸 시간이 여러 해였고 2015년 어머니의 대를 이어 삼해소주 서울시 무형문화재의 계보를 이어 받았다. 2016년에는 농림축산식품부에서 지정하는 전통식품명인 제69호로 선정이 되었다.

삼해소주三亥燒酒를 내리려면 우선 삼해주를 빚어야 한다. 삼해주는 가을걷이한 쌀을 사용하여 정월의 해일亥日에 밑술을 빚어내고, 돌아오는 12일이나 36일 뒤의 해일에 다시 덧술 하기를 세 번 반복해서 빚는다. 삼해주는 겨울의 낮은 온도를 이용하여 장시간 저온 발효로 술을 빚고 버들강아지柳絮가 눈꽃처럼 날리는 봄날에 열어 쓴다고 하여 유서춘柳絮春이라는 이름으로도 불린다. 쌀 양이 여염집 곳간 정도의 여유로는 감당하기 어려울 만큼이나 많이 들어가고, 여러 번 하는 덧술로 인해 품도 많이 드는 데다가, 시간도 오래 걸려서 부유한 집안 형편이 아니고서는 감히 넘보기 어려웠을 술이다.

삼해주는 술 빚는 법을 기록한 조선 시대의 여러 고문헌 속에 눈에 띄게 자주 등장하는데, 12일이나 36일마다 돌아오는 해일을 꼭 지켜 덧술 하며 빚는 건 같아도 원료를 처리하는 방법에는 차이가 있다. 그래서 집집마다 지리적 특성과 가문의 비법에 따라 솜씨를 담아 빚었던, 봄날 꽃잔치 술이라는 생각도 든다. 이 삼해주의 명성이 얼마나 높았는지 조선 시대에는 마포나루에 삼해주를 빚는 술도가가 100여 개에 이르렀으며, 『정조실록』 41권의 기록을 살펴보면 정조가 금주령을 내려달라는 한성부 판윤 구익의 간언에 "이미 삼해주가 다 익은 마당에 술을 버리게 할 수도 없으니 금령을 내릴 수 없다"•는 답변을 내놓기도 한다.

◦ 召見備局堂上趙鎭寬 漢城府判尹具廙廙曰 今年穡事 糜穀之害 莫過於酒 自今設禁 不無少補矣 上曰 酒之爲物 禁之甚難 而況今頹綱敗俗 雖設爲禁令 安保愚民之信朝令 如金石乎 又況三亥酒 皆已告熟 今不可使已盡釀成之酒 空然棄之

삼해주의 '해亥'는 십이지十二支 중 돼지의 날인 해일亥日을 의미한다. 해일에 술을 빚는 유래에 대해서는 십이지 동물 중 돼지의 피가 가장 맑으니 맑은 술을 얻기를 바라는 염원이라는 것과 돼지가 복과 재물을 주는 동물의 상징이니 한 해의 부유함을 기원하며 빚는 술이라는 이야기를 익히 들어왔는데 김택상 명인은 여기에 의미 하나를 더 보태준다. 술은 발효 음식이고, 삼해주는 발효 시간을 오래 두는 술이니 십이지 동물 중 느리게 움직이는 돼지처럼 슬로우 슬로우 하게 빚는 술, 즉 슬로우 푸드의 철학이 담긴 술이라는 설명이다.

김택상 명인의 삼해소주는 정월 첫 해일이 오기 전에 술 빚기를 준비한다. 일주일 남짓 전에 밑술을 미리 만들어 두었다가 첫 해일에 덧술을 한 뒤 36일마다 돌아오는 해일에 두 차례 더 덧술을 해 총 세 번 덧술 하는 방법으로 술을 빚는다. 밑술 하는 과정까지 포함하면 네 번에 걸쳐 술을 빚으니 삼해소주를 만들기 위한 준비 과정에만 꼬박 108일 이상 걸리는 셈이다. 겨울의 추위를 견디며 천천히 익혀낸 삼해주를 거르면 탁주가 된다. 알코올 도수가 17도인 김 명인의 삼해탁주는 잘 익은 포도향이 시원하게 풍기고 산미가 입안을 적시며 확 확 입맛을 당기게 만드는 데다 지게미는 비교적 적어 한 모금 마시면 입이 개운해지면서 침이 고인다. 이 탁주를 맑게 걸러 약주를 만들어 삼해소주의 술덧으로 쓴다.

빚는 이만큼이나 느긋하고 여유 넘치는 삼해소주는 제법 입에 착 달라붙어 딱 한 잔만 마시고 멈추려면 애를 좀 써야 한다. 사실 내가 삼해소주보다 더 좋아하는 건 삼해귀주三亥鬼酒라 이름 붙은 71.2도짜리 술이다. 사람은 귀신이 되고 귀신은 사람이 되는 술이라나? 한 잔 딱 들이켜면 술이 목구멍으로 넘어가기 전에 훅 하고 반쯤은 바람처럼 날아가는 기분이 든다. 마치 귀신이 나 대신 술을 마시기라도 한 것처럼 말이다. 그 기분이 묘해 한 잔을 더 청해 들이켜면 구름 방석에 앉은 듯 몸도 마음도 노곤노곤해져 버린다. 100일이 넘는 발효시간 동안 공들이고 이미 45도나 되는 삼해소주를 다시 두 번 세 번 반복 증류해 도수를 높인 술이니, 대낮에 귀신 보기보다 더 진기한 술이라 하면 과장일까? 숙성을 좀 더 하면 더 극진해진 맛을 구경하게 되지 않을까 하는 아쉬움도 있는데, 조만간 오래 숙성된 작품들도 나오리라 내심 기대하고 있다.

조선 시대 한성 양반네들은 이 술과 무엇을 곁들여 먹고 즐겼을까? 귀한 술이니 한 상 딱 부러지게 차려냈을 테지만, 난 그저 아무것도 곁들이지 않고 삼해소주의 맨 얼굴을 보며 술 마시는 것을 즐긴다. 굵은 소금 한 알갱이면 단 술이 더 달큰해져 무얼 더 청하고 싶은 마음이 없어진다. 사실 이 좋은 술을 다른 맛과 굳이 섞어 내고 싶지도 않다. 여름날 얼음 한 덩어리를 잔에 넣어 잔의 벽면을 타고 도르륵 굴러가는 소리를 배경 삼아 마셔도 좋고 골뱅이 크기만 한 작은 소주잔에 따라 훅 하고 한 모금에 넘겨도 좋다. 그래도 굳이 무언가를 곁들이자면, 묵히지 않은 신선한 잣 한 알과 엘라 피츠제럴드의 〈As Time Goes By시간이 흐르면〉[*].

* 잉그리트 버그만 주연의 영화《카사블랑카》의 주제곡, 미국의 유명 재즈가수 엘라 피츠제럴드를 비롯하여 많은 사람들이 불렀다.

제품명 삼해소주
생산자 (주)삼해소주 김택상 명인
생산지 서울시 종로구 창덕궁길 142
연락처 070-8202-9165
원재료 멥쌀, 찹쌀, 누룩, 정제수
식품유형 소주(증류식 소주)

알코올 도수 45도
경력사항
| 서울시 무형문화재 제8호
| 전통식품명인 제69호

기름지고 맛이 복잡한 안주는 술의 섬세한 맛을 음미하기 어렵게 만든다. 대체로 가벼운 안줏거리를 추천하는데, 숭어나 민어 알을 간장에 담가 간을 하고 참기름을 발라가며 건조시킨 어란을 얇게 썰어 곁들이면 치즈처럼 농축된 어란의 풍미가 입안에서 부드럽게 녹아들며 삼해소주의 맛을 중후하게 확장시켜준다. 낮은 온도보다는 상온에서 한 모금씩 머금어 마시기를 권한다.

대체로 전통 누룩을 사용을 하여 술덧을 만들고 상압증류 방식으로 소주를 내리면 불내가 살짝 감돌면서 묵직한 술맛을 내는 경우가 많은데 삼해소주는 다소 가벼우면서도 구수하다.

한국의 자연을 소주에 담다

송화백일주

이 담을 넘기 전에
쪽문을 열어주세요

이 담을 넘기 전에 쪽문을 열어주세요

"수도자에게 술은 금기된 벽에 난 쪽문과 같은 것이지요."

벽암 스님으로 더 알려진 전통식품명인 제1호 조영귀 명인의 이 말씀을 듣는 순간 턱 하니 무릎이 쳐졌다. '술은 아무나 만드는 것이 아니구나! 송화백일주의 힘은 시심詩心이구나.' 싶었다. 격한 마음을 누르지 못하고 한순간에 담장을 넘는 사람이 얼마나 많은가? 오랜 공을 들이고도 순간의 괴로움을 참지 못해 판을 깨는 우매한 사람은 또 얼마나 많은가? 나도 그 한 축이 아니라고 할 수 없다. 나를 위해서든, 남을 위해서든 인생살이에 쪽문을 만들어두는 지혜가 또 한편 필요한 세상이 아닌가 싶었다.

송화백일주松花百日酒를 생산하는 전라남도 완주의 송화양조장을 방문하던 날, 많은 사람들의 호기심 어린 질문에 신명이 난 벽암 스님은 굳이 백 년도 훨씬 넘은 소줏고리를 꺼내자 하여 지켜보면 젊은 전수자를 안절부절못하게 했다. 오래되고 귀한 것에 손상이라도 가면 어쩌나 싶어, 벽암 스님의 요청으로 소줏고리를 들고 나서는 내 심장도 덜컹덜컹했던 기억이 이미 8년여의 시간이 지난 지금에도 그대로이다.

송화백일주를 만드는 과정은 마치 수행과도 같다. 강물 위에 송홧가루가 번져 달빛처럼 일렁거리는 사월이 그 시작이다. 반쯤 타갠 밀에 물을 조금 넣어서 반죽을 한 뒤 육각형 모양의 누룩틀 위에 무명천을 올리고 반죽을 담아 잘 덮고서는 단단히 눌러 밟아 누룩을 만든다. 여름의 막바지에 다다르면 품질 좋은 구기자와 오미자를 구해 잘 말려 놓아야 한다. 송홧가루를 풀어 쌀죽을 쑤어서 밑술을 만들고 고두밥에 오미자, 구기자, 송홧가루, 솔잎을 넣어 잘 버무려서 덧술을 한다. 발효가 끝나기를 기다려 술을 걸러둬야 송화백일주를 만들 수 있다.

이제부터는 불과의 교감이다. 센 불로 성급히 끓여도 안 되고 너무 느슨하게 불길을 다루어도 안 된다. 한 땀씩 흐르는 술을 받아서 다시 송홧가루, 오미자, 구기자와 솔잎 등의 부재료와 꿀을 더해 오랜 시간을 두고 밀봉하여 숙성을 시켜야만 쪽문을 살포시 열고 드나들 수 있을 만한 내공의 술이 얻어진다. 송화백일주의 내력은 조선 인조 때의 명승 진묵 대사(1562~1633)가 수왕사에서 수행을 하면서 오랜 수행으로 생길 수 있는 병세를 치유하고 예방하기 위해 만들어 마셨던 것에서 시작이 되었다 하니, 분명 술의 모양새를 가졌으나 내실은 수행을 돕는 영양제이자 음식이었던 셈이다.

동 시간대 시청률 1위를 기록한 KBS 해피선데이《1박 2일》해장국 로드 편에 전국의 전통 소주가 여럿 등장하고 자세히 소개된 배경에는 송화백일주의 공이 컸다. 처음 작가들이 소속을 밝히지 않고 전통주 갤러리를 방문했을 때만 해도 촬영 여건이 마땅치 않아 선뜻 결정을 내리지 못하고 있던 차였다. 시음부터 해보자는 권유에 송화백일주를 맛본 작가들이 그 매력에 반해 마음의 빗장을 활짝 열었다. 송화백일주가 마중물이 되어 그 뒤에 내놓은 술들의 맛뿐 아니라 이야기도 흥미롭게 감상하며 아이디어를 봇물처럼 쏟아낸 작가님들 덕분에 예상보다 많은 전통소주들을 방송에서 소개할 수 있었다. 진행하는 동안에도 작가들로부터 한국 전통소주에 대한 자부심 어린 찬사를 여러 번 들은 것은 물론, 방영 후에는 전통주 갤러리 방문객 증가와 함께 소개된 술의 매출도 상당히 올랐다는 소식을 들었다.

송화백일주는 딱 한 모금만 마셔도 몸과 마음이 노곤해진다. 동트는 아침에 고목과 푸른 나무 울창한 숲속 길을 걷는 듯한, 느긋한 여유를 주는 향이다. 36도의 술이지만 그 맛이 부드럽기도 하여 거침없이 쑥 넘어가는데 넘김 후에도 잔향이 오래 지속된다. 더운 날에는 얼음을 살짝 더해 마셔도 좋지만, 더욱 풍부한 향을 얻으려면 상온에서 조금씩 입에 물고 향을 입안에서 코로 올려가며 마시는 것이 제격이다.

오랜 지인과 마음으로 대화를 나누고 싶은 날, 이 귀한 술 한 병을 살짝 꺼내 놓아보자. 무거운 마음의 빗장을 살포시 열어 내며 '제법 잘 살아왔어.' 하는 토닥임 같은 위로를 준다. 돈을 많이 벌자고 빚는 술이 아니어서 일 년이면 고작 2,000병 남짓 생산을 하는 술이니 부지런한 발품으로 미리미리 챙겨두는 것은 필수이다.

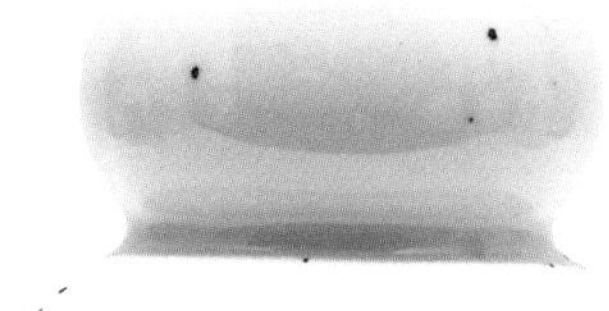

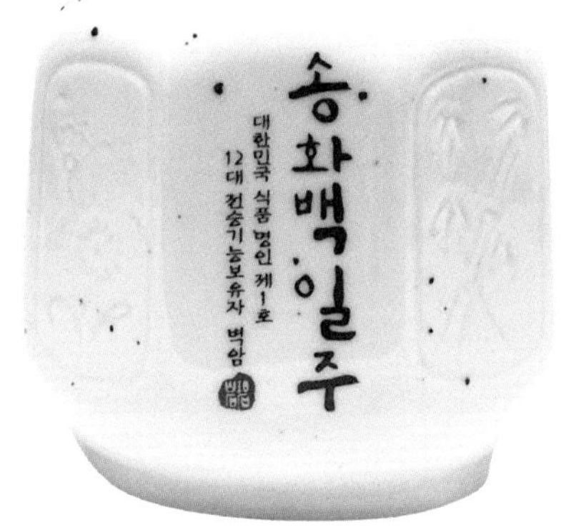

제품명 송화백일주
생산자 송화양조 조영귀 명인
생산지 전북 완주군 구이면 구이로 1096
연락처 063-221-7047
원재료 쌀, 누룩, 산수유, 구기자, 오미자, 솔잎, 송화 가루, 꿀
식품유형 리큐르

알코올 도수 36도
경력사항
| 전통식품명인 제1호

전통식품명인 제1호 조영귀 명인이 빚는 전통 소주이다. 발효한 술로 소주를 내린 뒤 구기자, 오미자, 산수유, 솔잎, 송홧가루, 꿀을 더해 밀봉하여 다시 숙성한다. 오래된 찻집의 문지방을 넘는 듯한 운치 있는 향이 풍기는 술이다.

한국의 자연을 소주에 담다

이
강
주

저 달빛 품에 안아
임 잔에 풀어주고

저 달빛 품에 안아
임 잔에 풀어주고

2016년 파리에서 열린 한국 OECD 가입 20주년 기념행사에 한국의 전통주를 소개하기 위해 떠난 출장길이었다. 동행한 조정형 명인이 이강주에 얽힌 여담을 들려주셨다. 이강주 양조장에는 이런 전화가 자주 걸려 왔단다. "이강주 대표님 계신가요?" "네, 제가 조정형입니다만?"이라 답하면 "아. 이강주 대표님이 이강주 님 아니신가요?"라고 되묻곤 했다는 이야기이다. 왜 아니겠는가. 한국에 흔한 성이 '이'가이고, 이름에 흔히 쓰이는 '주' 자이니 이강주라고 하면 '술 좋아하는 대표가 자기 이름을 따서 술 이름을 지었구나.' 하는 오해도 살 만하다. 지금은 이강주의 공장장으로 오랜 세월 조정형 명인과 함께 한 이철수 대표가 그 책무를 이어 받았다.

1987년, 전라북도 무형문화재 제6호로 지정되어 5대에 걸쳐 전주 이강주의 맥을 잇고 있는 조정형 명인의 이강주梨薑酒는 술에 들어가는 재료를 따서 붙여진 이름이다. 배 '이梨', 생강 '강薑', 술 '주酒', 즉 배와 생강이 들어간 술이란 의미이다. 배와 생강뿐 아니라 울금, 계피, 꿀도 전주 이강주에 있어 빼놓을 수 없는 재료이다. 최남선이 그의 저서『조선상식문답』(1946)에서 조선에 유명한 널리 알려진 술 세 가지 중 하나로 거론한 술인 이강고梨薑膏가 바로 이강주의 혈통이다. 이강고의 '고膏'는 고아낸다는 뜻이니, 발효된 술을 불기운으로 푹 고아내서 알코올을 받아낸 높은 도수의 술을 의미하기도 하고 과실이나 약재 등의 부재료를 소주에 넣어 중탕하여 만든 술을 지칭하는 말이기도 하다.

최남선은『조선상식문답』에서 전주의 이강고를 '뱃물과 생강즙과 꿀을 섞어 빚은 전주의 소주'라 설명하였고, 조선의 실학자 서유구는 그의 저서『임원십육지』(1827)에 유중림의『증보산림경제』(1766)를 인용하여 다음과 같이 이강고를 만드는 법을 기록해 두었다.

> 아리鵝梨•의 껍질을 벗겨 돌 위에서 갈아 낸 즙을 고운 주머니에 걸러 찌꺼기를 버리고 생강도 즙을 내어 찌꺼기를 거른다. 배즙과 꿀, 약간의 생강즙을 섞어 소주병에 넣어 중탕을 하는데 그 법은 죽력고 법과 같다.

이 외의 여러 문헌에 기록되어 있는 이강고의 공통적인 제법을 정리하

• 과육이 거위의 깃털과 같이 하얀빛을 띠고 껍질이 얇으며 향과 즙이 풍부한 배.

자면 이렇다. 우선 배를 잘 갈아서 고운 주머니나 체를 써서 즙을 내고 찌꺼기는 제거한다. 생강 역시 즙을 낸 뒤, 배즙과 생강즙과 꿀을 미리 준비한 소주에 섞어서 병이나 단지에 담아 뚜껑을 덮어 끓는 물에 중탕을 한다. 당시의 기록에는 울금과 계피는 쓰지 않았다.

전주의 이강고와 함께 조선 당대에 손꼽히던 이강고의 산지는 황해도이다. 조선의 실학자 유득공(1748~1807)은 조선의 세시풍속을 기록한 그의 저서 『경도잡지京都雜志』에 평안도의 감홍로甘紅露, 황해도의 이강고梨薑膏, 호남의 죽력고竹瀝膏와 계당주桂當酒, 충청도의 노산주魯山酒를 좋은 술로 꼽고 있다. 북녘의 황해도가 이강고의 산지로 유명했던 배경에 대해 그간 궁금증을 가져왔는데 조선 시대 각 지역의 풍습과 지리, 토산품을 기록한 『신증동국여지승람』에 황해도의 많은 지역에서 꿀이 나고 봉산의 배를 토산품으로 꼽으면서 그 품질이 좋다고 기록한 것을 보면 황해도 이강고의 명성은 황해도 남부 평야 지역의 쌀과 지역에서 널리 나던 토산물들의 덕이 아닌가 싶다.

그렇다면 전주 이강고에 울금과 계피는 언제부터 사용하기 시작한 것일까? 일본인이 1907년부터 1935년 사이의 조선의 술을 조사하여 기록한 『조선주조사』(1935)에는 배, 생강, 꿀 이외에 울금과 계피를 넣어 만든 이강고의 제조법과 함께 이 술이 상류 사회에서 널리 애용되고 있다는 당시의 사회적 분위기를 전한다. 『조선상식문답』(1946)과 『조선주조사』의 기록을 교차하여 유추해 보면 구한말에 이르러서는 전주의 이강고가 황해도의 이강고보다 전국적으로 그 명성을 떨쳤으며 울금과 계피가 들어간 이강고가 상류사회에 인기 품목으로 등장을 했다는 것인데 그 이유가 궁금해서 몇 날이 지나도록 생각을 떨칠 수가 없었다.

『조선왕조실록』에 따르면, 조선 시대 울금의 지위는 해당 관리자를 파면에 이르게 할 만큼 대단했던 모양이다. 선조 36년(1603) 울금에 대한 재미있는 기록이 전하는데 그 전문을 요약하자면 이러하다.

'해사該司에서 울금이 부족하여 해조該曹에 이를 알렸으나 울금 대신 심황으로 대체를 하라고 하여 제사에 불경한 죄가 크며, 또한 공물을 상정하는 데에 있어서는 그 소용의 경중을 분간하여야 하는데 울금을 전감全減하는 바람에 해사에서 봉납捧納할 수 없게 되었기에 제사를 지내고도 지내지 않은 바와 같은 결과를 초래하였으니 당상과 낭청을 파직해 달라.'는 내용의 상소이다. 이에 선조는 울창주를 대용한 일은 보고한 대로 처분하라는 명을 내린다.

울창주는 울금과 찰기장으로 만든 술로 종묘 제례의 강신의 절차에 꼭 필요한 술이다. 이런 술에 울금 대신 심황을 사용하였으니 그것은 이미 울창주가 아니므로 제사를 안 지낸 것과 같으며 그렇게 중요한 울금의 수급에 소홀하였으니 파면이 마땅하다는 주장이다.

『신증동국여지승람』에는 전라도 전주부와 임실, 순창, 담양 등 전라 일곱 고을에서 울금이 생산된다는 기록이 있고, 『조선왕조실록』의 기록에도 울금 생산지는 전라도 일부 지역으로 한정이 되어있다. 『세종실록 지리지』의 전라도 편에는 울금이 약재藥材로 심황은 종약種藥으로 각각 공물의 명단에 올라있지만 현대에는 울금과 심황, 강황의 분류에 대해 이견들이 있다.

울금을 술에 사용하였다는 기록은 종묘 제례에 사용된 울창주의 기록뿐, 온갖 계절의 꽃과 열매, 약재를 널리 사용한 조선의 술 빚는 법을 기록한 문헌 여럿을 뒤져보았으나 나는 아직 『조선주조사』의 기록 이전에 울금을 넣은 술이 여염집에서 빚어졌다는 기록을 찾지 못했다. 이런 사실들을 앞에 두고 상상은 날개를 펴고 끝없이 날아다녀 며칠씩이나 비행이 계속 되었다. 혹 이런 것은 아니었을까? 조선 시대를 통틀어 울금의 향과 황금빛은 왕실 권위의 상징이기도 하고 종묘제례에서 신을 부르는 강신의 도구이니 혹 어찌 조금 구했더라도 여염집에서는 드러내놓고 쓸 수는 없었을 것이고, 전주부와 전라도 인근에서는 울금이 나는 고을이 제법 있었으니 마음만 먹으면 못 구할 물건도 아니었으리란 짐작이다.

구한말 기울어진 왕실의 권위가 울금과 계피를 넣은 전주의 이강고를 수면 위로 끌어당겨 상류사회에 애용되는 데에 일조를 하게 한 것은 아닐까? 술맛은 원래 곳간에서 나오는 법이니 집안의 재력과 정치적 세력이 술의 내력이 되기도 할 것이다. 구한말 조정형 명인의 선대가 전주(완주) 부사로 부임하면서 집안의 내림술로써 이강주가 즐겨 만들어졌다고 전해지니 전주 조정형 명인 가문과 전주의 이강고는 다른 지역과 달리 울금을 익히 써온 것은 아닐까 하는 짐작이다.

조정형 명인은 양조 전문가이다. 대학에서 미생물을 전공하고 삼학소주, 보배소주 회사에서 술의 양조를 관리했다. 그런 그가 고향 집으로 돌아와 가문 전통술의 맥을 잇겠다고 나섰을 때, 그 반대는 가히 상상이 가지 않는다. 집안의 반대를 무릅쓰고 오랫동안 자료수집과 연구를 거친 후, 이강고는 전통과 현재 기술의 조합으로 보다 대중적인 술로 재탄생하게 된다. 전주 지역이 이강주를 생산하기에 좋은 조건이라는 것은 지리적 특성으로도 가늠이 된다. 배는 전주의 특산품이며 인근의 임실과 진도는 조선 시대부터 현재에 이르기까지 이름난 울금의 산지이다. 지금은 생강이 흔한 작물이 되었지만 고려 말 중국에서 들어온 생강의 시험재배 단지가 전주를 둘러싸고 있는 완주의 봉동마을이었으니 곡창지대인 전라도라는 뒷심 있는 배경에다가 배, 울금, 생강까지 갖춘 전주 지역은 이강주를 빚기에 삼박자가 딱 맞는 조합이다.

이강주를 일컬어 '한여름 밤의 초승달 같은 술'이라도 칭송하는 것은 그 맛의 청량함을 가리키는 것이겠지만, 은은하고 옅어 잘 드러나지 않는 이강주의 노란빛을 표현하고자 하는 말이기도 할 듯하다. 구름이라도 걸리면 사그라질 것 같은 은근한 울금의 빛은 술에 운치를 더해준다.

이강주는 쌀과 보리를 섞어 밥을 지어 발효를 시켜 술을 빚고 이 술을 두 번에 걸쳐 증류하여 소주를 얻는 것으로부터 시작된다, 양조장 뒤편의 과수원에서 수확한 배와 생강을 잘 손질해 두었다가, 먼저 내린 소주에 손질한 재료들을 각각 넣어 맛과 향, 약성을 내고 다시 여러 날 숙성하기를 반복한다. 최소 6개월에서 1년이 걸리는 작업이다. 소량을 만들 때는 모든 재료를 한 번에 넣어 제맛을 내는 것도 가능하겠지만 언제 마셔도 동일한 맛을 유지해야 하는 상업 양조의 대량 생산에서는 수분이 많은 재료를 한 번에 넣는 과거의 방식으로는 그 맛을 유지하기에 어려움이 있다. 그래서 현재는 각 재료들을 각각 소주에 담가 침출하고 다시 배합을 하여 이강주 최상의 맛을 내도록 양조법을 개선하였다.

높은 도수의 이강고는 가격이 비싸기도 하고 당시 낮은 도수의 술에 길들여진 대중의 입맛을 공략하기도 어려웠다. 이강주를 모든 사람들이 쉽게 접하고 그 맛이 널리 알려지기 원했던 조정형 명인은 이강주가 출시되던 당시 일반 대중이 즐겨 먹던 25도의 희석식 소주 도수에 맞춘 25도의 전주 이강주로 대중성을 확보했다. 더 낮은 도수의 술을 찾는 시대의 흐름에 따라 19도의 이강주를 추가했고 조선 시대 드높았던 이강고의 명성을 이어줄 38도 이강주 제품도 생산한다.

반얀트리호텔에서 선보인 이강주

신라호텔 라연에서 제공된 이강주 미니어처

이강주의 명성을 돋보이게 한 것에는 술을 담는 주병酒甁을 빼놓을 수 없다. 조정형 명인은 양조장에 개인 박물관을 소장하고 있을 만큼 한국의 전통문화와 예술에 대한 사랑이 남다르다. 에밀레종이라는 이름으로 더 알려진 국보 제29호 성덕대왕신종의 모양을 그대로 딴 술병과 초롱박 모양의 고려 상감청자 주병은 한국인들도 좋아하지만, 외국인들이 서로 소장하고 싶어하는 아이템이다. 술과 함께 한국의 도자기 문화의 품격도 함께 전하고자 하는 뜻이 담긴 것이다.

나는 주로 이강주 25도를 즐겨 마시는데, 술을 마실 때 안주를 찾는 일이 거의 없지만, 이강주에는 굴이니 멍게, 해삼 등의 해산물을 자주 찾는다. 사실 회를 먹을 줄 알았다면 참치 뱃살을 안주로 삼거나 소박히 양념하여 담담히 버무린 육회를 곁들였을 것이다. 어릴 적에는 척을 두지 않고 즐겨 먹었던 음식인데 어느 날부터인가 입맛이 바뀌었는지 아니면 음식에 대한 생각이 복잡해진 것인지 도통 날것을 제대로 즐기지 못하니 술맛, 음식 맛을 보는 직업을 가진 나로서는 이런 난처함도 없다. 참기름 향이 살짝만 풍기는 얼리지 않은 생고기 육회에 채 썬 배를 딱 두 조각만 얹어서는 한 젓가락으로 듬뿍 집어 입에 넣고 단 몇 번만 오물거리다 꿀꺽 삼킨 뒤, 차가운 이강주 한 잔을 들이켠 쾌감을 누가 나에게 이야기해 달라! 옛 기억 속의 육회 맛과 오늘 마신 이강주 맛은 내 상상 속에서는 찰떡같은 조합이다.

제품명 이강주
생산자 전주이강주 조정형 명인
생산지 전라북도 전주시 덕진구 매암길 28
연락처 063-212-5765
원재료 쌀, 소맥분, 정맥, 배, 생강, 울금, 계피, 꿀, 누룩, 효모
식품유형 리큐르

알코올 도수 25도
경력사항
| 전라북도 무형문화재 제6호
| 전통식품명인 제9호

쌀과 보리를 발효시켜 만든 술을 증류한 뒤 배와 생강, 울금, 꿀을 넣어 침출시킨 담금주 형태의 술이다. 배의 수분이 높아 알코올 도수를 자연스레 낮춰주면서 천연의 단맛을 부여한다. 생강, 계피, 울금, 꿀이 어우러져 청량한 느낌이 드는 술이다.

19도, 25도, 38도로 세 가지 도수의 제품이 생산되는데, 유리병에 담긴 19도의 이강주는 가격이 상당히 저렴한 데다가 맛도 부드럽고 편안해 여럿이 모인 자리에서 희석식 소주 대신 회나 매운탕 등의 음식과 반주로 곁들이기 알맞다. 조정형 명인의 예술적 감각이 더해진 이강주 도자기 병은 호리병, 에밀레종의 모양을 딴 주병 등 다양한 종류가 있으니 특별한 자리에 사용하거나 선물용으로도 좋다.

한국의 자연을 소주에 담다

죽력고

이 술 한 잔이면
내 맘 멍도 가실까요?

이 술 한 잔이면 내 맘 멍도 가실까요?

오랜 항쟁의 끝자락이었다. 꽃 같은 세상을 만들어 보겠다는 꿈같은 이상도 아니다. 끓어오르는 울분을 더는 견딜 수 없는 역한 세월, 호미 대신 손에 든 죽창은 이대로 사느니 죽고 말겠다는 절규일 뿐이다. 서울로 압송되는 전봉준 장군의 뼈마디는 바스러지고 멍들고 어느 한 군데 성한 곳이 없었다. "이것 드셔 보시오, 드시고 기운을 차려야 하오." 힘없는 민초가 내어줄 수 있는 것이라고는 오직 한 잔의 죽력고뿐.

_전통주 읽어주는 여자의 상상 속 이야기

한반도 최대의 곡창 지대로 유명했던 만큼 전라도 호남지역은 조선 시대 침략과 수탈의 중심에 있던 지역이기도 했다. 폭정에 맞서 일어선 동학농민혁명의 발현지가 전라북도이고 전봉준 장군이 퇴각의 기로에서 은신의 거처로 삼았던 곳이 죽력고의 뿌리를 이어오고 있는 전라북도 정읍이다. 1910년 경술국치 이후 나라를 잃은 비통한 마음을 「절명시絶命詩」로 남기고 자결한 조선 말기 유학자 매천 황현黃玹(1855~1910)은 동학농민혁명을 기록한 그의 저서 『오하기문梧下奇聞』을 통해 전봉준 장군이 서울로 압송되던 중 백성이 건넨 죽력고를 마시고 기력을 회복하였다는 당시의 상황을 전한다.

죽력고竹瀝膏는 이름이 말해주듯이 죽력竹瀝을 넣어 만든 술이다. 죽력은 갓 베어 마르지 않는 청대를 잘게 쪼개서 약한 불로 오랜 시간 구워내어 수액을 얻어낸 것으로 중풍, 타박상, 급체 등에 좋은 한방 구급약으로 알려져 왔다. 송명섭 명인은 어머니로부터 이 죽력고 만드는 법을 배웠다. 어머니 집안에서 대를 이어 내려오던 비방이었다. 청대를 잘게 쪼개 항아리에 꽉 채워 넣고 뒤집어 진흙을 바른 뒤에 콩대를 둘러서 불을 붙인 후에 왕겨를 덮어 서서히 타들어 가도록 불씨를 남겨둔다. 은근한 불기운이 일주일이 넘도록 지속이 되어 대나무 속의 약 성분을 빼내는데, 마치 기름 같기도 하고 수액 같기도 한 이것을 '죽력'이라고 부른다.

송명섭 명인의 죽력고는 일 년을 준비해야 술을 만들 수 있다. 봄에 논을 갈아 볍씨를 뿌리는 것이 그 일의 시작이다. 벼농사뿐 아니라 누룩을 만들기 위한 밀 농사도 함께 짓는 명인이다. "힘든 농사까지 뭘 일일이 다 직접 하세요. 수매해서 쓰셔도 될 텐데." 걱정을 더한 나의 인사에 가차 없이 퉁명한 대답이 돌아온다. "내가 농사지어 써야 맘 편하고, 당연히 누룩도 내가 만들어야 내 술이라 이름을 낼 수가 있겠지요?"

이야기 하나 덧붙이자면, 이 집의 누룩은 만드는 방법이 독특하다. 보통 밀 누룩은 통밀을 반쯤 갈아 타갠 뒤 물을 약간 넣어 버무리고 누룩틀에 넣어 모양을 만들어가며 단단히 밟은 후 온도와 습기를 조절해가며 발효해 띄운다. 그런데 송명섭 명인은 아이의 이가 돋듯 통밀 싹이 보일락 말락 하게 발아되는 순간을 기다려 누룩을 만든다. 누룩의 미생물과 밀 싹이 날 때 생성되는 효소를 동시에 사용하기 위함인 듯 보인다.

이 누룩으로 술을 빚어서 그것을 술덧 삼아 증류하는데 죽력고에 들어가는 부재료를 이용하는 방법도 독특하다. 미리 마련한 죽력에 석창포와 계심, 대나무 잎을 담가 두면 마른 약재에 죽력이 스며들게 된다. 술덧으로는 탁주를 쓰는데, 솥에 술을 붓고 소줏고리 안에 죽력을 품은 재료를 얹어 불을 때면 알코올이 증발하면서 죽력을 머금은 재료들을 통과하여 약성을 품은 소주가 만들어진다. 부재료 중 하나인 생강은 소줏고리 안에 넣지 않고 잘 찧어 주머니에 넣고 소줏고리의 귀때에 매달아둔다. 소주가 이 생강 주머니를 통과하면서 생강 향이 죽력고에 더해진다.

"그럼 명인님. 죽력고 만들 때 술덧은 '송명섭 막걸리' 원주를 쓰세요?" 송명섭 막걸리가 워낙 유명하기도 하니 번거로움 없이 이 막걸리 원주를 술덧으로 쓰시나 싶어 질문하니 이런 대답을 주신다. "소주를 내리는 술과 막걸리는 다르겠지요? 송명섭 막걸리는 막걸리로 맛있는 술이고 죽력고의 술덧은 소주용으로 만드는 거니까, 급수 비율을 늘려 잡아 몇 대 몇으로 다르게 만들고……. 근데 다 알면서 묻는 거지요?" 하신다.

죽력을 내리는 것부터가 공이 무척 드는 과정이라 무한정 생산하기는 어려운 술이니 자주 오래 기다려야만 술 받을 차례가 돌아오는 죽력고이지만, 그 병의 모양새는 어찌 보면 참 평범해서 이 술의 가치를 모르는 사람에게는 그저 건네주는 것만으로는 그 가치를 전하기 어려울 수도 있다 싶다. 디자인이 중요한 마케팅 수단이 되는 요즘 세상에 도자기 병도 좋고, 다른 유리병을 찾아 봐도 좋고, 뭔가 다른 수를 낼 만도 한데 도통 변화를 줄 여지가 보이질 않는다. 하기야 그런 궁리를 하지 않아도 없어서 못 파는 술이니 '바꿔야 됩니다.'라고 강권하기도 그렇다.

이름만 봐서는 마치 약 같은 느낌이 오는 술이고, 약이라는 것은 대체로 쓰고 먹기 힘든 법인데, 송명섭 명인의 죽력고는 이상하게도 부드럽게 술술 넘어간다. 알코올 도수가 32도나 된다는 것이 가끔 믿어지지가 않는다. 이름이나 그 유래, 병 모양은 투박하기도 하고 강건하기도 한데 그 맛은 뭔가 다르게 로맨틱한 마음이 든다. 봄바람 같은 조곤조곤하고 나긋한 술 향이 대나무 숲에서 살랑 불어오는 바람을 연상케 하는데, 그 기분에 취해 한 모금 입을 적시다 보면 어느새 홀쩍 잔이 비워져 있다. 이런 기분은 나만 드는 것인가 싶어서는 동료 와인 소믈리에 몇몇에게 이 술의 평을 청해도 반응은 한결같이 "부드럽네." "나긋하네요." 하니 내 입이 딱히 거짓을 말하는 것 같지는 않다.

세상 설움에 마음이 멍든 날이라면 이 죽력고 한 잔을 마셔 보라. 급하게 서둘지도 말고 욕심 부려 많이도 말고 맛과 향을 음미하면서 천천히 즐기다 보면, 마음의 응어리와 멍이 슬그머니 사라지는 신비한 체험을 하게 될지도 모른다.

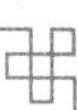

제품명 죽력고
생산자 태인합동주조장 송명섭 명인
생산지 전북 정읍시 태인면 태흥리 392-1
연락처 063-534-4018
원재료 쌀, 죽력
식품유형 일반증류주

알코올 도수 32도
경력사항
| 전라북도 무형문화재 제6-3호
| 전통식품명인 제48호
| 농림축산식품부 선정 〈찾아가는 양조장〉

『증보산림경제』와 『임원십육지』, 『조선무쌍신식요리제법』의 죽력고 제법은 비슷하다. 담죽과 고죽을 한 자 정도 잘라 시루에 걸치고 대나무 중간 부분을 숯불로 지져 대나무 양쪽으로 흐르는 죽력을 받아낸 뒤에 준비된 소주에 생강즙과 꿀, 죽력을 넣고 병의 입구를 밀봉하여 끓는 물에 넣어 중탕을 한다. 『조선무쌍신식요리제법』에서는 생강즙을 선택 사항으로 두고 죽력은 법제로 내리라는 제법을 제시하고 있다. 『임원십육지』에서는 중탕한 죽력고를 명주 천으로 걸러 차게 마실 것이며, 오랫동안 숙성하여 마시라 권한다.

전통 소주의 맥을 현대로

고운달

양조학자의 꿈,
하늘에 걸리다

양조학자의 꿈, 하늘에 걸리다

방송인 정준하 씨가 운영하는 압구정동 '마법갈비 요술꼬치'의 매니저에게 슬쩍 물어보았다. "한 달에 고운달 몇 병이나 파세요?" 내 손가락과 발가락을 모두 합친 숫자를 꼽아준다. 매출로만 보자면 큰 기여가 되지는 못하겠지만 고운달 200ml 한 병의 소비자 가격이 십여만 원을 상회하니 꼬치 요리와 갈비가 주 메뉴인 음식점이자 주점에서 고가의 한국 술이 이 정도 팔린다는 것은 전통주 시장에 있어서는 상당히 이례적이면서 큰 의미가 있는 일이다.

'마법갈비 마법갈비'와는 특별한 인연이 있다. 평소 한국 술에 대한 애정으로 막걸리와 전통주 대중화를 위해 여러 활동을 펼쳐 왔던 방송인 정준하 씨가 압구정동에 1호 매장을 오픈하기 전, 관계자들과 함께 농림축산식품부와 한국농수산식품 유통공사가 설립한 전통주 홍보

공간인 강남의 전통주 갤러리를 찾아 몇 차례 자문을 받았다. 일 년 동안 이 매장을 성공적으로 운영한 정준하 대표는 2018년 전통주소믈리에 대회에 도전을 결심하면서 한기가 오르는 나의 작은 작업실에서 여러 날 함께 공부하며 출전 준비를 했었다. 당시에는 내가 4년 가까이 실무 책임을 맡았던 전통주 갤러리 관장직에서 물러난 시점이라 여유가 생기기도 했었고, 이왕에 시작을 하였다면 혹독히 독려하는 것이 나의 소명이라는 생각에 해외 촬영을 마치고 온 그를 의자에 앉지도 못하게 하고 선 채로 생소한 미생물의 이름이며 술의 역사와 스토리를 외우도록 했었다. 앞에서 칭찬은 못 해주었지만 참 독한 사람구나 감탄이 나올 만큼 공부도 열심히 한 데다가, 평소에도 본인의 업장에서 전통주를 소개하고 추천하는 일과 주류 서비스를 도맡아 하던 그였기에 실전 감각과 수준이 이미 상당해서 상표를 가리고 술의 재료와 이름을 맞추는 블라인드 테이스팅에서도 높은 적중률을 보여 날 놀라게 했었다. 당당히 장려상을 수상하며 전통주 소믈리에 자격을 거머쥔 그의 열정이 나에게 큰 자극을 준 것은 물론이고 앞으로 고운달과 같은 고가의 술도 술술 팔아내는 전통주계의 든든한 우군이자 거상이 될 거라 내심 믿고 있다.

고운달은 오미자 와인 '오미로제Omy Rose'로 한국 와인 시장에 익히 명성을 알린 이종기 대표의 역작으로 국내 증류주 중에서는 상당한 고가에 속하는 술이다. 이종기 대표는 사실 대표라는 직함보다는 양조학자, 양조학 교수, 마스터 브랜더라는 호칭이 더 어울려 보인다. 웬만한 사람이라면 익히 알고 있을 국산 위스키 개발의 주역으로 40년 가까운 세월을 국내의 유명 주류 업체에 재직했던 그가 삶음을 바친 회사에서 떠나, 굽이굽이 넘는 고개로 이름이 난 경상북도 문경에 자리를 잡은 내면에는 마음 깊이 묻어둔 오랜 결심 하나가 있었기 때문이다.

"교수님이 파티 때 술을 가져 오라는 거예요. 그래서 한 병 가져갔지. 한국 사람들은 약과 술을 구별하지 않냐 하더군. 학생들은 웃었지만 난 무척 자존심이 상했어요. 언젠가는 세계적으로 인정받을 한국의 명주를 만들고 말겠노라는 결심을 마음에 담았지." 양조학 석사과정 수학을 위해 1990년 스코틀랜드로 떠난 유학길에서의 일이다.

고운달을 제조하는 (주)제이엘 양조장이 위치한 문경의 9월은 단풍보다 먼저 오미자의 붉은빛으로 물든다. 오미자는 달고 시고 쓰고 맵고 짠 다섯 가지 맛을 가지고 있는 열매이다. 봄날의 철쭉처럼 진홍의 붉은빛이 하도 예쁘니, 빨간 물을 내서 화채를 만들기도 하고 차로도 마시며, 쌀가루와 섞어 맵시를 부린 떡을 만들기도 한다.

이래저래 쓸모 많은 오미자이지만 알코올 발효를 통해 술을 만들려면 상당한 공을 들여야 한다. 쌀과 함께 버무려 술을 빚을 때는 그나마 실패가 덜하지만 오미자만으로 와인을 만드는 것은 녹녹치 않은 과정이다. 맵고 쓴 성분이 천연의 방부제 역할을 하기도 하고 산미가 높은 열매여서 평범한 와인 효모로는 그 등쌀을 견뎌 내기 어렵다. 여러 해의 연구 끝에 결국 적합한 효모를 찾아내는 데에 성공을 하였고 그 제조 방법으로 특허를 받았다.

포르투갈에서 들여온 증류기라고 했다. 청동으로 만든 이 증류기는 배가 불뚝한 오뚜기 인형에 고깔모자를 씌워 놓은 것처럼 생겼는데 위아래 분리가 가능하다. 일 년여를 발효하여 숙성한 오미자 와인을 증류기 하단에 붓고 열을 가하면, 물보다 에틸알코올이 먼저 끓어 증발된다. 고깔모자처럼 생긴 증류기 상단에는 길고 좁은 관이 연결되어 있는데 양조자들은 이것을 '백조의 목'이라고 부른다. 날씬하게 구부러진 모양이 정말 그렇게 보이기도 한다. 이곳을 통과하여 차가운 냉각수와 만난 알코올 증기는 다시 액체가 되어 방울방울 떨어지게 된다. 고운달이 양조

고운달 동 증류기

주°에서 증류주로 변신하는 순간이다. 증류한 술을 다시 증류기 하단에 넣고 이 과정을 반복하면 알코올 도수는 높아지고 향과 맛은 더욱 농축되어 향미가 풍성하고 농후한 술을 얻게 된다. 이 두세 번의 증류 과정에서 술의 양은 턱없이 줄어들어서, 글쎄 처음 넣은 와인 양의 팔 분의 일 남짓이나 건지려나?

동 증류기를 사용하여 두 번 증류한 술은 문경에서 난 백자 항아리와 오크통으로 옮겨져 숙성된다. '고운달 백자'는 백자 항아리에서 3년 이상 숙성을 거친 술이고 '고운달 오크'는 1년간 오크통에서 숙성을 거친 후 백자 항아리로 옮긴 뒤 다시 3년 이상의 숙성 과정을 거쳐 만든 술이다. 백자 항아리가 꽉 차도록 술을 채워도 병에 담을 때쯤이면 상당한 양이 줄어든다. 이렇게 대기 중으로 증발하는 술을 양조가들은 '천사의 몫'이라고 부른다. 퍽 아까운 일이겠지만 어쩌겠는가, 천사들은 술값을 내는 대신에 거친 술의 고집을 꺾어 완숙하고 농후한 술맛을 선물한다.

오미자라는 특별한 원료와 현대의 양조 기술이 결합된 고운달은 국내외 전통주 행사 자리에서 자주 소개가 된다. 2017년 평창 동계올림픽을 앞두고 로마에 있는 주 이탈리아 한국문화원의 주최로 열린 행사에서 고운달은 한국의 정서를 표현한 술병 디자인과 독특한 향미를 가진 술맛으로 호평을 받았다.

° 과실이나 곡물, 감자 등의 원료를 알코올 발효하여 만든 술. 와인, 맥주, 사케, 탁주, 약주 등이 있다.

로마에서 열린 평창올림픽 홍보 행사에 선보인 고운달

보자기로 꼭 싸매진 고운달 상자는 어린 시절 보았던 엄마의 문갑처럼 세련됐다. 책장을 넘기듯 뚜껑을 젖히면 보름달처럼 둥근 유리병이 들어있고, 상자의 안쪽에도 자개 문양이 박혀있다. 치장하는 엄마의 아침을 보며 나도 크면 저런 것 하나 가지고 싶다 바라기도 했는데 딱 그런 동경을 담았다. 유리잔이 두 개가 들어있는데 작고 앙증맞아 귀한 술 고운달을 아껴가며 즐기기에 좋다.

고운달의 술맛을 표현하라고 하면, 그것이 쉽지가 않다. 52도라는 알코올 도수가 무색할 만큼 부드럽고, 목젖에서 반쯤은 날아가고 반쯤은 넘어가는 기분이 들며, 쌉쌀한 초콜릿의 여운과 함께 숨을 다시 한 번 들이켜 코로 바람을 내면 그제야 오미자가 '나 여기 있었어.' 하며 손을 흔든다.

나는 시음에 그다지 천재적이지는 않아서 한 병을 들고 혼자 앉아 오래 맛보고, 또 다른 날짜에 만들어진 몇 병을 사계절로 맛을 보고, 아침과 낮 그리고 밤, 슬픈 날, 좋은 날, 심심한 날, 분주한 날, 혼자인 날, 여럿인 날, 이런 저런 맛을 보고서야 '이게 이렇더라.' 고작 몇 줄을 표현할 수 있는데, 그러기엔 이 달은 높게 뜬 보름달 같아서 가끔씩 손가락으로 가리키며 '저 달은 참 고운달이야.'라고 할 뿐이다. 그러니 당연히 "어떤 음식과 드셨을 때 좋았어요?"라고 물어 보신다면 역시 할 말이 별로 없다. 나라면 그 무엇도 더하지 않고 그저 술잔을 들어 보이며 "이게 나의 저녁 식사요." 하겠지만…….

배낭 하나만을 달랑 메고 세 달 동안을 홀로 떠난 태국 제2의 도시 치앙마이 야시장에서 그 크기가 로브스터만큼이나 큰 새우를 만났다. 이 새우의 긴 수염과 다리를 툭툭 잘라내고 반을 갈라서 벌겋게 달궈진 철망 위에 올린다. 껍질이 붉어지고 살에 물기가 돌기 시작하면 뚜껑을 덮어 찌듯이 익혀준다. 약간의 소금만 쓸 뿐 후추도 버터도 레몬도 치즈도 그 무엇도 더하지 않는다. 하늘에 반달이 손톱처럼 걸리면, 대나무 출렁다리가 걸린 강가에 앉아 무릎을 깍지 껴 끌어 앉고 흔들거리며 고운달 한 모금에 새우 살 한 점, 술 한 모금 또 한 점. 빈둥거리며 마시는 거지.

'무슨 글이, 치앙마이 야시장에서 강으로 가나.' 할지도 모르나, 지금 이 글을 쓰고 있는 자유로움 넘치는 태국 북쪽 마을의 빠이Pai 강변이 이 노래를 부르게 한다. 상상만으로도 무한히 행복한 달밤이다.

제품명 고운달 백자/오크
생산자 농업회사법인 (주)제이엘 이종기 대표
생산지 경북 문경시 문경읍 새재로 609
연락처 054-572-0601
원재료 오미자 100%
식품유형 일반증류주

알코올 도수 52도
경력사항
| 2017 대한민국 우리술 품평회 증류주 부문 대상
| 농림축산식품부 선정 <찾아가는 양조장>

한국 증류주 중 최고가의 술이라는 수식어가 따라 다니는 술이다. 오미자로 와인을 만드는 과정이 상당히 까다롭고 이것을 두 번에 걸쳐 증류를 한 뒤 백자 항아리에서 3년간 숙성하여 병입을 한다. 고가의 외국 브랜디와 비교 대상이 되곤 하는데 브랜디가 포도, 사과 등의 과일을 발효하여 증류를 한 것과 달리, 오미자라는 한국적 재료를 사용한 만큼 그 풍미는 확연히 다르다. 물론 곡물을 발효하여 증류한 위스키와도 차별적인 맛이다.

제품 상자에 같이 들어있는 작은 고운달 전용 잔에 마시는 것도 좋지만, 브랜디 잔에 조금씩 따라 손으로 감싸 온도를 올려 가며 향을 충분히 감상하면서 입안에서 조금씩 굴려가며 맛을 음미하며 마셔 보자. 식후에 담소를 나누며 고운달을 마시면 소화에도 도움이 되고 술의 운치도 제대로 즐길 수 있다.

증류주를 말하다

증류식 소주와 희석식 소주 이야기

세상의 모든 술은 자연의 선물인 발효醱酵의 산물

세상의 모든 술은 그 종류가 무엇이든 간에 발효과정이 반드시 필요하다. 한국의 증류식 소주는 그 고장에서 주로 생산이 되는 쌀, 보리, 좁쌀, 수수 등의 원료를 사용한다. 밥상에 올라오는 주식인 먹거리가 술의 재료가 되는 셈이다. 쌀이 풍부한 안동에서는 쌀로 고두밥을 지어 소주를 만들었고, 쌀이 귀한 이북 지역과 제주도에서는 좁쌀이나 수수를 발효하여 술을 만들었다.

과일에는 천연 당분이 있기에 효모만 있다면 술을 만들 수 있지만, 곡물로 술을 만들기 위해서는 한 단계의 과정이 더 필요하다. 원료로 쓸 곡물을 익혀 누룩을 섞어두면 누룩 속 당화효소가 전분을 분해해 달콤한 포도당을 만들고 효모가 이 당분을 이용해 알코올 발효를 시작해 술을 만든다. 이 술을 증류한 것이 곡물을 원료로 한 증류주이며 한국의 전통 소주도 발효주인 탁주나 약주를 증류하여 소주를 만든다.

다른 나라들의 증류주도 다르지 않아서 과실이나 곡물 등의 원료를 알코올 발효 과정을 거쳐 술을 만들어 증류를 하는데, 와인을 증류하여 나무통에 숙성시키면 브랜디가 되고 맥주처럼 맥아와 곡류를 발효시킨 양조주를 증류하여 나무통에 숙성시키면 위스키, 용설란을 발효한 풀케Pulque를 증류하면 멕시코의 대표적인 증류주인 데킬라가 된다. 즉 세상의 모든 술은 자연의 선물인 발효의 산물이며 희석식 소주의 원료인 주정도 발효 과정을 통해 얻어지는 양조주(발효주)를 증류해 만든다.

증류식 소주와 희석식 소주의 증류 방식

소주의 원료가 되는 발효주를 술덧이라고 부른다. 이 술덧을 증류기에

전통 방식의 소줏고리 증류기

주정 공장의 연속증류기

넣고 가열하면 물보다 에틸알코올이 먼저 증발하게 되고 증발된 성분을 차갑게 냉각시키면 증기가 응축되어 알코올 도수가 높은 증류주를 얻을 수 있다.

증류식 소주는 단식 증류 방식으로 보통 1~2회 증류를 한다. 술덧에 열을 가해 1차 증류를 하는데, 더 정제되고 높은 도수의 술을 얻으려면 이 증류한 술을 다시 증류기에 넣고 재증류하는 방법을 쓴다. 증류 과정에서 에틸알코올 외에도 미량의 발효부산물들이 함께 얻어지는데 이러한 성분이 술에 고유의 향과 맛을 부여한다.

희석식 소주의 원료인 주정을 만드는 연속식 증류기는 1831년 영국의 아네스 코피Aeneas Coffey에 의해 실용화되었다. 연속식 증류기는 술덧이 연속적으로 들어가고 증류 후 남는 잔여물도 자동으로 배출되므로 증류를 쉬지 않고 연속해서 할 수 있어 붙어진 이름이다. 연속증류기는 한 번 증류할 때 증류탑의 여러 층을 거쳐서 증류가 이루어지는데, 여러 층을 거치면서 재증류를 반복함에 따라 알코올 도수는 점점 높아져 완성된 주정의 도수는 95도 내외가 된다.

주정은 고도로 정제된 알코올이다 보니 원래의 재료가 가지는 개성이나 발효부산물들이 거의 다 제거되기 때문에 어떤 원료를 사용하느냐는 그다지 중요하지 않다. 주정 공장에서는 동남아시아에서 감자와 비슷한 카사바를 주로 수입하여 사용하기도 하고 WTO 협정에 따라 의무수입되는 쌀이나 과잉 생산된 국내 농산물도 쓴다. 주정 자체를 외국에서 들여와 한국의 기술로 다시 증류하여 사용하는 비율도 상당하다.

주세법의 식품규격에 따른 증류식 소주와 희석식 소주의 차이

증류식 소주의 경우 술을 생산할 때 물을 섞지 않고 그 자체로 알코올 도수를 맞추는 경우도 있지만 대개는 정제수를 섞어 제품에 표시된 알코올 도수가 되도록 맞춰 낸다. 희석식 소주의 경우 95도의 주정에 물을 희석하여 술의 도수를 맞춘다.

증류식 소주와 희석식 소주는 혼합이 가능하다. 주세법에는 증류식 소주에 주정을 동일한 알코올 함량 기준으로 50% 미만까지 혼합할 수 있으며 이럴 경우 증류식 소주로 분류한다. 반대로 희석식 소주에도 증류식 소주를 50% 미만까지 섞을 수 있다. 2014년 주세법 개정으로 희석식 소주와 증류식 소주에 대한 상표 표시 구분이 소주라는 단일 유형으로 통합되었다. 제품 공정상의 차이에 대한 규격은 존재하지만 술의 상표에 이 두 가지를 구분하여 쓰지는 않는다.

고도로 정제된 주정을 물로 희석하면 발효부산물이 제거된 희석식 소주에는 다른 맛이나 향을 느끼기 어렵다. 따라서 단맛을 내는 감미료와 산미제로 맛을 내게 된다. 주로 스테비오배당체, 토마틴, 자일리톨 등의 감미료로 단맛을 낸다. 증류식 소주도 희석식 소주와 동일하게 첨가물료의 사용이 가능하다. 대부분의 증류식 소주의 경우 제품의 독특한 맛을 살리기 위해 100% 증류식 소주를 사용하고 첨가제를 넣지 않는 것이 일반적이지만 보다 익숙한 맛과 대중적인 가격을 확보하기 위해 주정을 혼합사용하거나 감미료를 첨가하는 제품도 있다.

주당의 질문

증류주 편

전통 소주는 어떻게 만드나요?

양조주인 탁주나 약주는 날씨가 조금만 더워져도 쉽게 상하고 오래 보관하기 어려워요. 그래서 탄생한 것이 바로 소주입니다. 소주는 불로 태워 만든 술이라는 뜻이에요. 소주를 만들려면 우선 탁주(막걸리)나 탁주를 맑게 거른 약주가 있어야 해요. 예전에는 주로 옹기나 동으로 만든 소줏고리를 이용하여 술을 증류했는데 이 과정을 '술을 내린다.' 혹은 '술은 곤다.'라고 표현했어요.

가마솥에 탁주나 약주를 붓고, 소줏고리를 얹어 줍니다. 이때 가마솥과 소줏고리 밑면이 잘 맞아야겠지요? 소줏고리와 가마솥 사이에는 시루번이라고 하는 밀가루 반죽한 것을 둘러서 증기가 빠져나가지 않

소줏고리에 시루번을 바르는 과정

도록 단단히 막아주고, 소줏고리 위쪽에는 항아리 뚜껑 같은 자배기를 얹어 찬물을 담아줍니다. 불을 때면 증발된 알코올이 차가운 자배기에 닿아 다시 액체가 되어 소줏고리에 붙은 관을 통해 한 방울씩 떨어져요. 더 높은 도수의 술을 얻으려면 증류된 술을 가마솥에 다시 넣어 한 번 더 증류를 해요. 덧붙이자면, 감홍로甘紅露의 '로露'는 이슬 같다는 의미이고, 죽력고竹瀝膏의 '고膏'는 고아서 만든 술, 즉 중탕하여 만든 술이라는 의미예요. 소줏고리 위쪽에 담긴 물이 차갑지 않으면 당연히 알코올 증기가 잘 응축되지 않겠죠? 또한 불이 강하면 너무 빨리 끓어 좋은 소주를 만들 수가 없어요. 불길을 잘 다스리는 것이 소주를 만드는 기술 중 하나입니다. 아직도 전통 방식의 소줏고리를 사용하는 양조장도 일부 있지만 대부분 스테인리스나 청동 재질로 만든 현대적인 증류기를 사용해요.

상표에 적힌 '소주, 일반증류주, 리큐르'가 궁금해요

소비자 입장에서는 전통 소주, 소주, 증류주 등 무엇이라고 불러도 상관은 없다고 생각해요. 식품유형은 주세법에 따라 어떤 원료를 사용하여 어떤 방식으로 만든 술인지 분류해 놓은 표시 기준인데요. 전통주는 크게 소주, 일반증류주, 리큐르 범위에 포함돼요.

소주는 쌀이나 좁쌀, 수수, 감자, 고구마 등을 발효시켜 만든 양조주를 증류한 술이에요. 약재나 과일 등의 부재료가 전혀 들어가지 않아요. 증류를 하면 투명한 술이 되지만 오크통에서 숙성을 하는 것도 가능하기 때문에 소주의 색은 무색투명하거나 호박색이에요.

전통주에 있어 일반증류주는 '고운달'처럼 발효시킨 과실주를 증류하여 만들거나, 소주와 같은 증류주에 약재나 과일 등의 부재료를 첨가한 술이에요. 여기서 중요한 것은 불휘발분의 함유량인데요. 불휘발분(불용성분)이란 증류주를 가열했을 때 증발되지 않고 남는 찌꺼기를 의미해요. 불휘발분이 전체 술 양의 2% 미만이면 일반증류주로 분류해요.

전통주에 있어 리큐르는 일반증류주의 기준과 비슷해요. 다만 불휘발성분이 2% 이상이면 리큐르로 분류해요.

일반증류주나 리큐르는 투명한 술도 있지만, 다양한 색깔을 가진 술도 있답니다. 술을 만드는 발효 과정에 부재료를 넣어서 양조주를 만든 다음 이 술을 증류하면 투명한 술이 되고, 증류한 술에 부재료를 넣어 성분을 우려내면 술에 색깔이 남게 됩니다.

약용 소주는 어떻게 만드나요?

한국의 전통 소주는 곡물이나 감자 등의 전분질 원료를 발효한 뒤 증류하여 만들기도 하지만 한약재나 과실, 꽃 등의 다양한 부재료를 첨가하여 소주에 맛과 향, 약성을 더하기도 해요. '약'처럼 쓰인다 하여 약용 소주라 부르기도 했어요. 방법은 다음과 같아요.

첫째, 소주에 과일이나 약재를 담가 침출시켜서 맛과 색, 효능을 얻는 방법이에요. 흔히 침출주 또는 담금주라고 불립니다. 인삼 등의 약재나 포도, 매실 등 과실에 소주를 부어주면 되는 간단한 방법이기에 여러 가정에서 즐겨 사용되고 있습니다.

주의할 점은 수분이 많은 과일을 사용할 경우 35~40도 정도의 높은 도수의 소주를 사용해야 해요. 부재료에 함유된 수분으로 인해 술의 도수가 낮아져 미생물의 번식으로 술이 상할 염려가 있어요. 말린 야관문이나 계피처럼 수분이 적은 재료는 낮은 도수의 소주를 사용해도 무방합니다. 인삼이나 생강 등 흙이 묻어 있는 재료는 칫솔 등을 이용하여 꼼꼼히 세척한 뒤 수분을 말려 사용해야 해요. 매실이나 복숭아처럼 씨앗이 있는 핵과일류는 세 달 정도가 지나면 걸러 주거나 처음부터 씨앗을 제거한 뒤 술을 담그는 것이 좋아요. 가급적 남는 공간을 두지 않고 병 윗부분까지 술을 꽉 채워 햇볕이 많이 들지 않는 장소에 보관해야 합니다.

이 책에 수록된 이강주가 배, 생강, 울금, 계피를 소주에 넣어 침출

이강주에 들어가는 배, 생강, 울금, 계피

시켜 만드는 술이에요. 이때 사용되는 소주는 이강주 양조장에서 직접 만들어 사용합니다.

둘째, 술을 빚을 때 곡물 등의 주원료에 약재나 과실 꽃 등을 넣어 같이 발효시킨 뒤 이 술을 증류하는 방법이에요. 이렇게 하면 약재의 맛과 향, 효능이 있는 소주를 얻을 수 있어요.

이성우 명인의 계룡백일주는 고두밥에 진달래, 오미자, 솔잎, 국화를 넣어 같이 발효를 시켜 술을 빚어요. 이 술을 증류하면 계룡백일소주가 됩니다. 금산 인삼주도 술밥을 찔 때 인삼을 함께 넣어 쪄서 발효한 뒤 증류를 해요. 인삼을 소주에 담그지 않아도 인삼 향이 납니다.

셋째, 증류기 내부에 채반 등을 이용해 약재 등의 부재료를 올려두거나 망에 넣어 걸어두는 방법도 있어요. 알코올이 증발하면서 부재료를 통과하여 약성과 향기를 품은 소주가 만들어져요. 이책에 소개된 송명섭 명인의 죽력고가 이 방식으로 내린 술입니다.

넷째, 소주가 완성되어 증류기 밖으로 똑똑 떨어질 때 그 밑에 지초, 계피 등의 약재를 체에 밭쳐 두면 약재의 색과 향이 술에 물듭니다. 홍주나 관서감홍로 등을 만들 때 이 방법을 사용했어요. 약재를 체에 밭치는 대신 증류기 외부와 연결된 부분에 약재를 넣은 망을 매달아 두기도 했어요.

두 잔,

약주 이야기

발효 미학의 정수, 약주

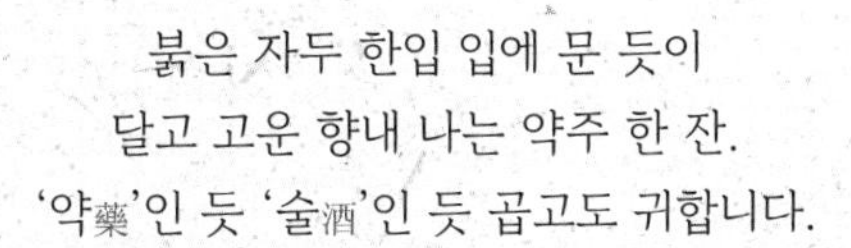

붉은 자두 한입 입에 문 듯이
달고 고운 향내 나는 약주 한 잔.
'약藥'인 듯 '술酒'인 듯 곱고도 귀합니다.

저 산에 꽃물 들었네

계룡백일주

계룡산의 사계절을
담아 보았어요

계룡산의 사계절을 담아 보았어요

봄에 피는 진달래 춘심 담아 한 옹큼

오뉴월의 퍼런 솔잎 기운 내서 한 옹큼

수줍어라 여름 잇꽃 단정히 따 한 옹큼

서리 내린 노란 국화 추억 담아 한 옹큼

계룡산 들길 산길, 굽이돌아 먼 길 돌아

다시 오리, 이리 오리, 마음 담아 한 옹큼

_전통주 읽어주는 여자의 상상 속 이야기

봄부터 시작해서 여름을 나고, 가을의 서리가 내려야 술 빚을 준비가 된다. 3월의 진달래, 5월의 솔잎, 7월의 잇꽃, 9월의 오미자, 무서리 내린 늦가을의 황국까지 다 갈무리해서 계룡산의 사계절을 다 넣어 만드는

계룡백일주에는 쌀 외에도 오미자, 국화, 진달래, 솔잎이 사용된다.

술이니 욕심껏 많이 빚거나 서둘러 익혀 술을 내려 해도 그럴 수가 없던 술이 계룡백일주이다. 본시 궁중의 술로 조선 16대 왕 인조가 반정의 일등공신인 연평부원군 이귀의 공을 치하하기 위해, 술 만드는 비법을 연안 이씨 가문에 내려주었다는 이야기를 이 명인으로부터 들었다. 이성우 명인의 계룡백일주 빚는 모습을 가까이서 볼 기회가 있었는데 커다란 대나무 채반에 하나 가득 담긴 푸르른 솔잎과 분홍의 진달래, 노란 국화, 붉은 오미자가 어찌나 고운지 마치 신부의 부케처럼 아름다웠다.

계룡백일주 빚는 과정은 누룩을 준비하는 일부터 시작된다. 물을 갈아가며 깨끗이 씻은 통밀을 물에 불려 절반이 타개지도록 빻아야 한다. 여기에 쌀가루를 같은 비율로 섞은 뒤에 약간의 물을 더해서 반죽을 하는데 너무 질어도 안 되고 수분이 아주 부족해도 안 된다. 손으로 한 주먹 쥐어서 해변의 모래처럼 엉켜지는 반죽을 누룩 틀에 넣고 단단히 밟아서 누룩을 만든다. 한국의 전통 누룩은 그 형태도 만드는 방법도 다양하고 누룩 안의 미생물의 종류는 더 다양하다. 배꽃이 필 무렵, 곱게 간 쌀가루를 단단히 뭉쳐 오리알만 하게 띄운 이화곡, 통밀을 성기게 갈아 물과 버무려 동그랗거나 네모지게 모양을 내서 띄운 밀 누룩, 녹두물을 넣어 만든 향온곡 등 그동안 여러 전통 누룩을 봐 왔지만 통밀에 찹쌀가루를 넣어 딛는 법은 듣기만 했지 직접 보기는 처음이다.

계룡백일주는 이양주二釀酒 기법으로 만든다. 이양주란 밑술 한 번, 덧술 한 번 총 두 번에 걸쳐 술을 빚는 방법을 말한다. 처음 빚는 밑술은 알코올을 만드는 미생물인 효모酵母를 증식시켜 알코올 발효를 잘 할 수 있게 준비하는 과정이고, 덧술은 밑술에 술의 주재료가 되는 쌀이나 좁쌀, 수수 등의 곡물과 감자나 고구마처럼 전분이 들어 있는 원료를 익혀

이성우 명인의 계룡백일주 시연

밑술에 넣어 주어 본격적으로 알코올을 만드는 과정이다.

계룡백일주의 밑술로는 찹쌀가루 죽을 쓴다. 쌀가루가 멍울지지 않도록 잘 풀어서 죽을 쑤어 차게 식으면 누룩을 섞어 준다. 시간이 지나면 술이 말 그대로 부글부글거리면서 탄산이 용암처럼 터지며 끓어오르는데, 그 기운이 조금씩 잦아들어 마치 시냇물이 흐르듯이 조분거리는 소리가 들리면 미리 준비한 찹쌀 고두밥을 밑술과 함께 잘 섞이도록 섞어 준다. 이때, 진달래와 황색 국화, 솔잎, 오미자를 넣어 주는데 국화와 진달래, 솔잎이 각각 다섯 홉씩 들어가고 오미자가 세 홉이 들어간다. 항아리 속의 노랑, 초록, 붉은 빛이 고두밥의 보얀 색과 어우러져서 어찌나 곱게 보이는지, 미리부터 술이 익기를 고대하게 된다. 이렇게 만들어진 술덧을 낮은 온도에서 100일 동안 발효를 하고 잘 익혀 거르면 계룡백일주가 된다.

이성우 명인의 어린 시절에는 가을걷이를 마친 후에야 술을 빚어 겨울이 지나도록 낮은 온도에서 익혔지만 지금은 저온을 유지할 수 있도록 양조장 시설도 갖추었고, 옹기 항아리를 쓰는 대신 스테인리스 발효조에 양도 넉넉하게 담기 때문에 조금만 품을 판다면 온라인을 통해서도 어렵지 않게 구해서 맛을 볼 수 있다.

함께 전통주 갤러리에서 근무했던 일본인 동료가 이렇게 말했었다. “한국 약주에 들어가는 재료들은 정말 놀라워. 만약 일본 사람들이 이 술이 만들어지는 과정을 알게 되면 무척 놀라게 될 거야.” 막걸리와 한국의 전통주를 이야기할 때면 눈이 별처럼 반짝이던 이 일본인 동료를 통해 난 우리가 이미 가지고 있는 것을 다시 돌아보는 법을 배웠다. 대개의 것들이 그런 듯하다. 가까운 것에 대한 소중함과 소소한 가치를 알기가 사서삼경 떼기보다 어렵다.

조선 후기 대표적 여성 학자 빙허각 이씨가 쓴 『규합총서』에는 꽃과 유자를 이용해 향내 나는 술을 만드는 방법이 기록되어 전해지는데 한국의 약주가 그저 취하고자 마시는 술이 아니오, 계절마다의 정취를 담은 풍류의 산물이며, 술을 빚고 준비하는 행위 모두가 자연과의 교감임을 알려준다. 1809년에 쓰인 이 『규합총서』뿐 아니라 다수의 문헌에서 한국 술에 대한 기록을 찾아 볼 수 있는데 그 지혜가 얼마나 반짝이는지 공주 계룡산의 사계절을 한 병에 담은 백일주의 술맛만큼이나 넓고 깊다.

> 방국화가 흐드러지게 필 때 술 한 말에 꽃 두 되를 주머니에 넣어 술독에 달아두면 향기가 가득하니, 매화나 연화 등 향 있고 독이 없는 꽃은 다 이 법을 쓸 것이오. 꽃을 위에 뿌려도 좋으나 유자는 술맛이 실 것이니 술 속에 넣지 말고 껍질을 주머니에 넣어 달고 술독 위를 단단히 덮어 익히면 향내가 기이하다.
>
> _『규합총서閨閤叢書』 중에서

잔을 물들이는 계룡백일주의 노란 술 빛은 시간을 제법 들여 숙성한 술임을 말해준다. 보통은 찹쌀을 써서 물을 적게 잡고 빚은 술들이 진득한 단맛을 내기 마련인데 이 술은 아주 상큼한 산미가 있다. 이는 발효 과정에서 생성되는 다양한 유기산과 부재료로 쓴 오미자 때문이다. 오랜 시간 숙성되어 감칠맛과 구수함이 있는 술에 산미가 톡 쏘고 올라오면서, 단맛은 상큼함 뒤에 살짝 숨어 노골적으로 정체를 드러내지 않는다. 곡물로만 빚은 약주에는 산미가 튼튼하게 뒷받침해주는 술이 그다지 많지 않은데, 계룡백일주는 이 틈새의 공백을 잘 메워주는 술이다. 오미자가 이 신맛의 중심이기에 술에 산미가 어떨 때는 있다가도 어떨 때는 없는 맛이 아니어서 자신 있게 식전 음식과 추천을 하곤 한다. 가볍게 입가심하며 본격적으로 나올 음식을 기다리기에도 좋고 식초를 넉넉히 쓴 음식에도 더할 나위 없이 잘 어울린다.

지치고 무기력하여 입맛도 사라져버린 그런 날이라면 계룡백일주 한 잔을 마셔도 좋겠다. 달고 시고 맵고 짜고, 간혹은 씁싸름한 우리 인생과도 같은 다섯 가지의 오미자 맛이 상큼하게 입안을 적셔주는 데다 솔잎을 따던 산어귀와 진달래 꽃잎 따던 손길, 가을 국화 따던 시간을 생각하고 마시면 계룡산이 눈에 쏙 다가오는 느낌도 든다. 이성우 명인의 양조장에서는 이 계룡백일주를 증류한 소주도 나오는데 그냥 마셔도 좋지만 여름날에는 꿀을 조금 넣어서 얼음 한 조각을 곁들여 잘 휘저어 마시면 그 풍미가 더욱 그윽하다.

제품명 계룡백일주
생산자 계룡백일주 이성우 명인
생산지 충남 공주시 봉정길 32
연락처 041-853-8511
원재료 찹쌀, 쌀, 곡자, 정제수, 솔잎, 진달래꽃, 오미자, 국화꽃
식품유형 살균 약주

알코올 도수 16도
경력사항
| 충청남도 무형문화재 제7호
| 전통식품명인 제4-1호

한국의 사계절을 대표하는 진달래, 오미자, 솔잎, 국화로 풍취에 맛을 더한 술이다. 새콤한 산미가 입맛을 돋아 주어 식전주로도 좋다.
음용 온도에 따라 다른 맛과 향을 즐길 수 있는데, 해산물과 곁들일 때는 10~12도, 육류나 나물 등의 한상차림 반주로 곁들일 때는 18도 정도의 상온에서 즐겨보자. 음용 온도가 높으면 구수한 풍미와 부재료의 향을 더 잘 느낄 수 있고, 차갑게 마시면 화이트와인처럼 산뜻하고 깔끔한 여운을 준다.

저 산에 꽃물 들었네

면천두견주

소녀,
아미산에 다녀오겠습니다

소녀,
아미산에 다녀오겠습니다

대나무 소쿠리 하나를 집어 든 영랑의 손이 파르르 떨린다. 가루 낸 쌀로 술밑을 빚어 두고 진달래 봉오리가 열리기만 기다리던 참이다. 아직 찬 기운 서린 샘물을 몇 동이나 부어가며, 비나이다 비나이다 정성들여 쌀을 씻는 영랑 아씨를 누구 하나 나서서 말리지 못했다. 100일간이나 아미산에 올라 치성을 드리고 돌아온 터였다. 이러다 누워계신 대감마님 두고 영랑 아씨 먼저 어찌 되는 거 아닌지 몰라 조바심에 눈만 말똥할 뿐…….

복지겸 댁의 가노家奴들은 며칠이 분주했다, 동트기 전 안샘의 물을 여러 동이 길어두고, 동네의 술 잘 빚는 대모大母 지시에 따라 솔가지 연기로 독도 삶아두었다. 이제 아미산 속 진달래 따러, 아가씨 뒤를 따른다.

_전통주 읽어주는 여자의 상상 속 이야기

두견주杜鵑酒의 고향, 충남 당진 면천읍에는 이 술에 얽힌 설화가 전해진다. 고려 개국공신 복지겸이 원인 모를 병에 걸려 면천에 낙향하여 투병 중일 때, 17살 되던 그의 딸 영랑이 아미산에 올라 백일치성을 들였다. 정성에 감복한 산신령이 아미산의 진달래와 안샘의 물로 두견주를 빚어 아버지에게 마시게 하고 은행나무 두 그루를 심으라는 계시를 내렸다 한다. 신령님이 꼭 안샘의 물과 아미산의 진달래로 빚어야 한다는 단서 조항까지 두어 당부를 했다고 하니 어찌 보자면 면천두견주는 우리나라 최초의, 술에 대한 지리적 표시제의 기원이라 할 만하다. 영랑 아씨가 심었다는 1,100년 된 은행나무는 원래의 자리에서 옮겨져 현재는 면천 초등학교가 된 운동장 한편에서 아이들과 함께 여전히 자라고 있고, 안샘의 물은 농지로 인해 오염되어 마실 수는 없지만 그 형태를 보존하고 있다.

우리나라 천지에 진달래 물들지 않는 봄 산이 어디 있겠는가. 조상님들은 온 산에 분홍빛 물이 드는 4월이 되면 진달래로 꽃술을 빚고, 화전을 부쳐 나누어 먹으며 꽃달임 놀이를 즐겼다. 면천 사람이 두견주를 처음 빚었다는 기록은 조선 시대 말 개화파 지식인 김윤식金允植의 문집 『운양집雲養集』(1914)에 기록되어 전해지는데 그 역시 1897년 명성황후의 친러시아 정책에 반대하다 면천에서 7년간 유배생활을 하였던 터이니 면천의 두견주로 유배의 설움을 여러 날 달랬을 것이다. 두견주 빚는 법은 『규합총서』, 『양주방』(1837), 『시의전서』(1800년대), 『조선무쌍신식요리제법』 등 여러 고문헌에 조금씩 다른 특색을 지닌 주방문으로 전해지니 꼭 면천 지역이 아니더라도 봄이 되면 즐겨 빚었던 대표적인 우리나라 봄 술이다.

면천두견주는 천 년의 역사만큼 부침浮沈의 세월을 겪었다. 일제강점기와 1960년대 양곡정책으로 인해 쉬쉬하며 밀주로 조금씩 빚어지던 두견주가 국가지정 중요무형문화재 제86-2호로 지정된 것은 1986년의 일이다. 집안 전승으로 이어지던 비법으로 두견주의 명맥을 잇던 인간문화재 박승규 씨가 타계하면서 면천두견주는 다시 마을의 술이 되었다. 두견주를 이을 사람이 없게 되자 2007년 여덟 가구의 마을 주민이 뜻을 모아 두견주의 명맥을 잇고자 팔을 걷어붙이고 나서 '면천두견주 보존회'라는 이름으로 문화재청에 의해 자격을 인증받은 것이다.

면천의 어머니들은 아침밥을 두 번 짓는다. 새벽녘 들일 나가는 가족을 위해 새벽밥을 짓고 나면 그 다음에는 술밥을 지을 차례이다. 명절이나 진달래꽃 피는 계절이면 식구들은 굶기더라도 술밥을 거르지는 못했을 것이다. 봄에 지천으로 핀 진달래의 꽃술에는 독성이 있으니 손이 가더라도 말끔히 제거해 주어야 한다. 잘 말려 갈무리한 진달래꽃은 커다란 냉장고에 보관을 해서 사철을 두고 쓴다. 냉장고가 없던 시절에는 딱 봄 한철에만 맛볼 수 있는 진달래꽃 두견주였지만 문명의 혜택은 봄 한날의 풍류를 일 년 내내 즐길 수 있도록 해 주었다. 쌀은 반드시 당진 지역의 찹쌀만을 사용한다.

면천두견주는 물을 적게 잡아 빚는 술이다. 단맛에 귀했던 시절에

이 끈적한 단맛은 가히 부와 호사의 상징이었을 것이다. 달기만 한 것이 아니라 맛을 살짝 받쳐주는 새콤함이 있어 그 맛이 지루하지 않다. 잘 빚은 술에서는 꽃 향과 과실 향이 나는데, 이 향이 꼭 진달래의 꽃 향이라 할 수는 없겠지만 봄을 연상하기에는 충분하다.

여러 박람회장에서 만날 때면 떡 한 조각을 기어이 내 입에 넣어주며 두견주 한 잔을 권하던 그분들이, 하얀색 가운과 모자, 장화를 신고 서늘한 발효실로 나를 안내하는 이 어머니들이 맞는가 싶어진다. 발효조마다 날짜가 꼼꼼히 기록되어있고, 현대적 양조 장비가 그득하다. 전통은 지켜가되 꾸준히 연구하고 현대적 기술을 접목하여 지금 사람의 입맛에 맞도록 하며, 청결히 빚어야 한다는 것이 면천두견주를 빚는 마을 어머니들의 지론이다.

맑게 여과된 면천두견주 한 병을 들고 나와 평상에 앉아 담소하며 하시는 말씀이, 어디서 마셔도 두견주는 맛있지만 일을 마치고 이렇게 양조장 평상에 둘러 앉아 갓 떠낸 술을 맛볼 때가 제일 맛이 난다 하시며 웃는다. 나 역시 면천두견주를 무던히도 많이 맛보았어도 어머니들과 수다를 나누며 마시는 평상 위의 면천두견주가 가장 맛나다.

2018년 4월 27일 판문점 평화의 집에서 열린 남북 정상회담 만찬장에는 면천두견주와 문배주가 만찬주로 올랐다. 국가 행사에 사용되는 술은 술맛뿐 아니라 음식과의 조화, 상징성이 주요 선정 요소가 된다. 봄, 4월, 영변 약산의 진달래, 국가지정 중요무형문화재……. 면천두견주가 이 감격적인 자리에 만찬주로 오른 것은 맛도 맛이지만 긴 말보다 더 강렬한 술 한 잔에 담긴 함축이기도 하다.

"아이구 정말 깜짝 놀랐어요. 우린 정말 몰랐어. 거래처에서 평소보다 주문을 좀 많이 하기에 왜 그런가 했지. 근데 세상에 우리 술이 텔레비전에 떡 나오는 거야. 주문들이 막 몰려오는데 전화 받느라 난리가 났었어. 근데, 알잖아요. 우리 면천진달래 축제가 대목이거든. 거진 다 팔리고 술이 없어서 남은 거 다 털어 보낸 거였어. 그러니 어떻게 해. '술이 익는 중이니 기다려 주세요.'라고 할 수밖에."

남북 정상회담 만찬주로 선정되기 전에 이미 봄날을 맞아 선보일 새 코스메뉴에 면천두견주를 넣은 외식업체에서 발을 동동 구르며 전화를 주신 터라 면천두견주보존회 김현길 회장님께 전화를 드렸더니 이런 사연을 털어놓으신다. 어쩌겠는가? 주정에 물을 타서 내놓는 술도 아니고, 술이 익기를 기다리는 수밖에.

영랑이 심었다는 은행나무는 면천두견주와 고려 개국공신 복지겸의 설화에 신빙성을 더해 주는데, 안샘 옆에 있던 은행나무를 초등학교 자리로 옮겨 심을 때 높은 담장만큼의 밑동이 흙에 묻혔음에도 여전한 거대함은 탄성을 자아내게 한다. 왜 하필 산신령은 진달래 술을 처방한 것일까? 한국의 술에 약재나 꽃 등이 들어가는 것은 맛과 향, 멋을 즐기기 위함도 있지만 집집마다 술을 빚던 가양주의 역사에서 그 연유를 유추해

봄을 담은 진달래꽃술, 면천두견주

볼 수가 있다. 술은 기분을 위해 마시는 것이기도 하지만 당시에는 약용으로도 쓰였을 것이다. 병은 유전적 요인에 의한 것이기도 쉬우니 집안에 내려오는 병증을 예방하기 위한 '우리 집 처방 술'도 존재하였을 것이다.

진달래는 거담去痰과 진해鎭咳, 즉 기침과 가래를 멈추게 하는 효과가 있어서 천식과 기침, 기관지염의 치료에 쓰였고, 또한 혈액순환과 풍의 치료에도 효능이 있다고 전해지니 영랑 아씨의 애를 타게 했던 아버지 복지겸의 병은 이 진달래의 약성으로 유추해 볼 수 있지 않을까? 진달래 술에 은행을 곁들여 먹음으로써 집안 대대로 이어질지 모를 이 병을 현명히 이겨내라는 신령님의 계시는 아니었을지.

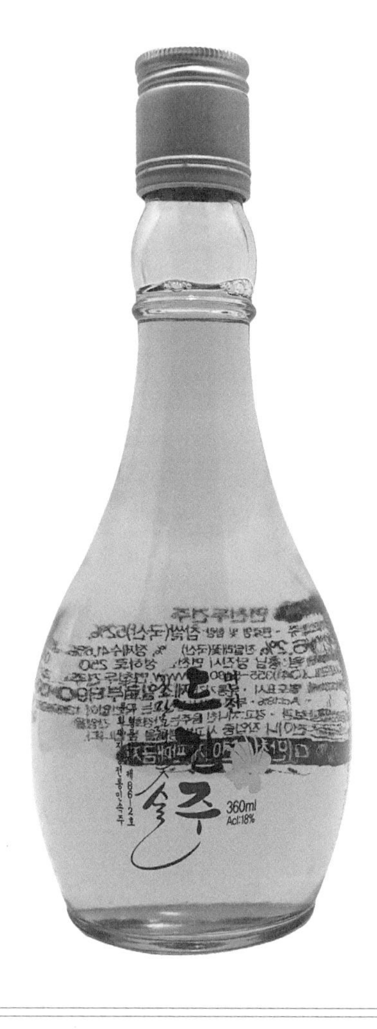

제품명 면천두견주
생산자 면천두견주보존회 김현길 대표
생산지 충남 당진시 면천면 성하로 250
연락처 041-355-5430
원재료 찹쌀, 누룩, 진달래꽃, 정제수
식품유형 약주

알코올 도수 18도
경력사항
| 국가지정 중요무형문화재 제86-2호
| 2018 남북 정상회담 만찬주

손에 묻으면 끈적하게 찰기가 남는 달콤한 술이다. 2018년 열린 남북 정상회담 자리에 만찬주로도 올랐다. 쌀과 진달래를 함께 넣어 발효시킨 한국의 대표적인 봄 술이다. 충남 당진 면천읍에서 매년 4월에 열리는 진달래 축제에 참가해 금방 내린 두견주를 맛보는 것도 봄에만 맛볼 수 있는 재미 중 하나다.

단맛은 부의 상징이라오

경주 교동법주

술맛은
곳간에서 나와요

술맛은
곳간에서 나와요

"경주 교동법주는 봄비에 젖은 까만 기왓장에 핀,

푸른 이끼 같은 느낌이 나요."

'그냥 대충 멋부린 말 아니야?'라고 할 수도 있겠지만 비 오는 봄날, 경주 최씨 가문의 고택에서 맛본 경주 교동법주에서 이 맛을 느꼈던 것은 틀림없는 사실이다. 한입 머금으면 묵직하게 내려앉는 술의 무게가 봄비에 젖은 듯하고, 여리게 나는 흙내는 물기 머금은 검은 기왓장에 낀 푸른 이끼 같은 여운이다. 사실 처음 경주 교동법주를 맛보았을 때, 그 맛과 향에는 설명하기 어려운 무언가가 있었다. 당시만 해도 와인에 입맛이 젖어 있던 터라 곡물을 원료로 해서 만든 한국 약주의 맛에 대한 기준점이 없어 딱히 뭐라 평할 길이 없기도 했고, 흙내 같기도 하고 장醬

경주 교동법주 최부자댁 고택

내 같기도 한 향에 난감하기도 하였으나, 소믈리에는 술이 가진 개성과 장점을 발견해 내는 사람이란 생각이 단단했던 때라 에둘러서 낸 표현이 고작 이것이었다. 경주 교동법주의 맛을 다시 보게 된 것은 그로부터 한참 뒤의 일이다. 전통 누룩의 술맛과 경주 교동법주의 맛의 경지를 이해하게 될 만큼의 구력도 그간 쌓였다.

경주 교동법주는 만석꾼으로 알려진 경주 최씨 가문의 술이다. 현 기능 보유자인 최경 대표의 10대조인 최국선 옹은 궁중 수라간을 관리하는 사옹원의 참봉이었는데 낙향을 하고 경주로 돌아와서 당시 궁중의 비법으로 빚은 술이 지금까지 대물림되어 전해졌다는 설명을 들었다. 나 역시 경주 교동법주를 처음 접하는 사람들에게는 "궁중에서 전해진 술이며 법法대로 빚는다 하여 법주法酒라고 부릅니다."라는 이야기를 곁들이지만 궁중 술이라는 그 내력이 꼭 필요하다고는 생각하지 않는다. 시작이 어디서부터이든, 음식이란 세월을 품고 흘러가는 것이기에 이 술은 과거로부터 지금까지의 최씨 가문의 정신이 담긴 술이며 오늘의 술이라는 생각을 가지고 있다.

경주 교동법주의 술맛은, 최부자댁 곳간의 여유에서 나온다. 9대 진사, 12대 만석꾼으로 알려진 명가名家이고 나눔을 가풍家風으로 지켜온 인심 좋은 집안이니 찾는 손님은 얼마나 많았겠으며, 오가는 사람들에게 물 한잔, 술 한잔 먹이지 않고 맨입으로 돌려보내는 일도 없었을 것이다. 오래 익힌 술 제조법은 어머니에게서 며느리에게로 다시 그 아들에게로 이어져 이젠 최씨 가문의 술을 넘어 한국의 중요한 문화유산이 되었다.

'경주 교동법주'와 '경주 법주'를 혼동하는 이들을 자주 만나게 되는데 '경주 교동법주'는 1986년 대한민국 국가 중요무형문화재 제86-3호로 지정이 된, 전통 누룩을 이용하여 빚은 한국 전통의 쌀 약주이고, '경주 법주'는 금복주의 자회사인 경주 법주에서 생산하는 술이다.

경주 법주의 탄생 배경은 참 드라마틱하다. 1972년 미국 닉슨 대통령이 중국을 방문하는 역사적인 순간에 중국의 마오타이주가 건배주로 사용되면서 이 술의 명성이 세계로 퍼져나가는 계기가 되었는데, 우리나라 또한 1974년 미국 포드 대통령의 방한을 앞두고 있었고, 한국을 대표할 만찬주가 필요한 상황이었다. 허나 한국 문화의 깊이를 자랑할 만한 많은 술들은 이미 일제 강점기에 가양주 형태에서 상업적 양조 형태로 급격히 전환되며 다양성이 훼손되었고, 1960년대 극심한 식량 부족 현상을 해결하고자 전통주를 빚는 데에 쌀과 찹쌀 사용을 금지하는 양곡관리 정책이 강력히 시행되고 있는 중이어서 전통 약주와 소주를 생산해오던 양조장은 큰 타격을 입어 그 흔적조차 사라져 가는 상황이었다. 부랴부랴 손님 대접할 우리 술 하나 만들어내 보자며 정부가 나서서 당시 손꼽히던 양조 회사인 금복주에 책임을 맡겨 생산한 것이 '경주 법주'이다. 경주 교동법주가 전통 누룩을 사용하여 무게감과 은근한 단맛을 가지고 있다면 경주 법주는 전통적 방법에 현대적 기법을 더해 저온에서 장기간 발효, 숙성하며 보다 가볍고 깔끔한 맛을 낸다.

경주 교동법주 만드는 방법을 소개하자면, 우선 찹쌀로 죽을 쑤어 누룩과 버무려 밑술을 만들고 효모가 잘 자라 힘차게 끓어오르다 그 움직임이 잦아들면 고두밥을 지어 덧술을 한다. 발효가 끝난 술덧에 용수를 박아 넣은 후 맑은 술이 고여 오르면 술을 떠내고 다시 숙성熟成을 한다. 이렇게 100일의 시간을 보태 술을 만든다. 숙성의 시간 동안 단맛, 신맛, 구수한 맛이 어우러져 그 맛이 지루하지 않게 하고 가벼웠을 질감을 묵직하게 끌어당겨 기품 있는 양반걸음의 술로 만들었다.

경주 교동법주는 17도의 알코올 도수에도 과하지 않은 은근한 단맛이 남아있는데, 그 단맛이 자극적이거나 날카롭지 않아 오래 씹은 밥처럼 친숙하게 입안을 맴돌다 어느새 스르르 사라져 버린다. 숙성으로 인해 살포시 올라온 연한 산미와의 하모니도 좋고, 입안에서 단맛이 가신 뒤에 느껴지는 쌉싸래한 기운도 매력적이다. 시간 속에 묵직해진 향은 나무 같기도 하고 꽃 한 송이가 피어난 검푸른 바위 같기도 하다.

와인 소믈리에들과의 전통주 시음회 자리에서의 일이다. 유독 한 술이 누룩과 숙성 향이 강해 맨입으로 맛보는 시음 자리에서 누구도 '이 술이 딱 내 취향이네요.' 나서는 사람이 없었다. 그런데 시음회를 마치고 가진 저녁 식사 자리, 자박하게 끓여낸 강된장에 쌈밥을 곁들인 밥상에서는 또 평가가 달라져서 곱단함으로 예쁨 받았던 술들을 다 제치고 홀대받았던 그 술이 인기몰이를 하는 것이 아닌가. 대부분 갓 짜낸 술의 신선한 풍미는 연한 술안주와 즐기기엔 더할 나위 없이 좋지만 온갖 양념으로 버무려진 근래의 한국 밥상에는 자주 기선 제압을 당하고 만다. 이날의 경험 이후로는 더욱, 술에 이상이 있는 것이 아니라면 술맛에 대해 섣부른 판단과 편견을 가지지 말자고 다짐을 하곤 한다.

경주 최씨 집안에는 경주 교동법주와 내력을 같이하는 음식들이 전해지는데 대표적인 것이 '시연지'이다. 실고추와 갖은 양념으로 속을 버무려 배춧잎에 싸서 발효를 하는데 간이 세지 않고 고춧물이 과하게 들지 않은 담백한 김치이다. 찡하게 익은 이 시원한 김칫국물 한 수저만으로도 경주 교동법주 몇 잔을 마실 수 있다. 시연지와 함께 북어보푸라기, 육포, 다식 등도 함께 전해져왔는데 모두 최부자댁의 밥상과 손님상에 오르던 음식일 것이다. 경주 교동법주를 마실 때면 짭조름하면서 쌉싸래한 된장으로 버무린 나물 한 접시를 찾게 된다. 사실, 대부분의 한국의 약주에 된장이나 간장으로 간을 한 나물들은 보탤 것도 뺄 것도 없이 합이 좋다.

마음의 급한 걸음을 잡고 싶은 날, 경주 교동법주 한잔과 나물 찬을 곁들여보자. 있음을 자랑하지 않고, 없음을 업신여기지 않으며 나눔에 인색하지 않고 신분의 격상을 바라지 않았던, 최씨 집안의 현명한 처세를 안주 삼아서 한 잔씩 기울이다 보면 차오르는 달빛과 함께 마음도 깊어질 듯하다.

제품명 경주 교동법주

생산자 경주교동법주 중요무형문화재 기능보유자 최경

생산지 경상북도 경주시 교촌안길 19-21

연락처 054-772-2051

원재료 찹쌀, 국산 밀 누룩, 물

식품유형 약주

알코올 도수 17도

경력사항

| 국가지정 중요무형문화재 제86-3호

국가지정 중요무형문화재 제86-3호로 지정된 술이다. 발효주는 숙성과 산화로 인해 색이 짙어지는데 경주 교동법주는 진한 호박색이거나 다소 검은 빛이 감도는 경우도 있다. 경주 교동법주는 고택 안에 자리 잡은 작은 양조장에서 수작업으로 소량 생산하며 냉장 유통을 해야 하기에 양조장을 직접 방문하거나 양조장 홈페이지를 통해서 구입할 수 있다. 경주 여행길이라면 고택 부근의 식당에서 경주 최씨 집안의 내림음식인 시연지, 북어보푸라기 등의 한상 차림과 함께 반주로 곁들여 마셔보자.

단맛은 부의 상징이라오

한산소곡주

그 선비가
SKY에 못 간 이유

그 선비가 SKY에 못 간 이유

"며늘아 가서 술 좀 보고 오너라."

이제 고작 몇 해 술을 빚은 며느리는 시어미의 눈대중을 알 수가 없어 이 정도면 다 되었을라나, 더 두어야 할라나. 작은 종지 하나에 한 수저 남짓 술을 담아 맛을 보고 또 본다. 도무지 오리무중.

며늘아. 며늘아. 어머니의 부름에도 실실 웃음이 나며 풀린 다리는 종내 앉은뱅이처럼 일어나지지 않았다는 이야기.

_전통주 읽어주는 여자의 상상 속 이야기

"나 이 술 맛본 적 있어요. 아주 달달하니 맛이 있던데요." 전통주를 소개하는 자리에서 이런 말을 자주 듣는다. 그 뒤로는 자연스럽게 어디서 어떻게 한산소곡주를 만나게 되었는지, 그 날의 분위기는 어땠는지, 술맛에 대한 소감이 자연스럽게 이어지니 전통주를 소개하는 자리에서 대화의 물꼬를 트기에 이만한 술도 드물다. 마음의 빗장을 쑥 열게 해주고 술맛처럼 끈끈하게 결속도 시켜주는 한산소곡주는 성격 좋고 인심 좋은 마을 부녀회장님 같은 술이다.

한산소곡주는 한국의 대표적인 앉은뱅이 술로 통한다. 아래 지방에서 한양으로 과거를 보러 가는 선비는 이 서천의 주막거리를 지나야 한다. '시장기도 채울 겸, 딱 한 잔만.' 그러나 종내는 한 잔이 두 잔이 되고, 세 잔이 되고, 시를 읊고 달을 보며 일어나지 않을 핑계를 하나둘씩 보태다가 그만 과거 시험을 놓치고만 선비가 열에 하나쯤은 있었을 법도 하다.

예전이나 지금이나 서천 지역은 이름난 술 마을이다. 오래 전부터 이 서천 마을의 어느 집 대문을 두드려도 됫병에 담긴 소곡주를 구하는 것이 어려운 일이 아니었다. 혹여 그 집에 술을 없더라도 술 구할 곳을 나서서 알려주셨다는데, 집에서 술을 빚어 파는 것이 과거나 현재나 허가 되지 않은 일이지만 서천마을에서는 집의 대소사에 잊지 않고 술을 빚어가며 한산소곡주의 명맥을 유지하였고 전국에서 이 술을 명성을 알고 알음알음 찾는 사람들에게 조금씩 팔아 자식들 교육과 생계에 보태기도 했다.

현재는 서천군청의 주도로 70여 가구가 양조장 시설을 갖추고 주류 제조 면허를 취득하여 술을 빚으니 전국에서 지역 단위에 가장 많은 양조장을 가진 '술 익는 마을'이 되었다. 쌀에 누룩을 더해서 밑술을 만들고 다시 고두밥으로 덧술을 하는 한산소곡주의 기본은 비슷하지만 각 양조장마다 부재료를 달리해서 쓰기도 하고 몇 대에 걸쳐서 내려온 비법을 더해 술을 빚으니 김치나 장맛이 집집마다 다르듯 술맛도 조금씩 달라 서천마을의 한산소곡주는 말 그대로 골라 마시는 재미가 있는 술이 되었다.

2015년 1월 서울에서 열린 한중일 정상회의 만찬자리에 우희열 명인의 한산소곡주가 올랐다. 충청남도 서천지역은 과거 백제와 일본, 신라와 당나라 연합군의 격전지였다. 과거의 상흔을 발판으로 평화의 길을 모색하자는 바람을 담았단다. 백제 시대의 찬란한 번영과 격전의 처연함을 함께한 한산소곡주의 과거와 현재가 오버랩되면서 '선정 사유 한번

쌀 양을 많이 넣어 달고 진한 술맛을 내는 한산소곡주,
사진 제공 한산소곡주

절묘하게 잡았다.' 싶어 무릎이 쳐졌다. 만찬주는 맛도 중요하지만 술의 상징성이 중요한 요소인 데다 초청 손님의 문화적, 종교적 배경, 계절, 음식과의 조화를 비롯해서 고려해야 할 사항들이 많고 공정하기도 해야 하니, 참 알게 모르게 여러 사람들의 공력이 드는 일이다.

오래 전, 술 공부하던 선생님들과 당시에는 서천에서 유일하던 우희열 명인의 한산소곡주 양조장을 방문하던 날, 아이 키만큼이나 커다란 항아리 속에서 익어 가는 한산소곡주를 보여주셨는데 아직도 한산소곡주를 마실 때면 그날의 감동이 떠오른다. 바가지로 술지게미를 헤쳐내면 바닷가 모래에 구덩이를 파고 놀던 어린 날의 기억처럼 노오랗게 익은 술이 쏘오옥 하며 고여서 올라오는데 그 광경을 보던 사람들이 모두 "이야!" 하며 탄성을 질렀다. 독에서 갓 떠낸 이 술을 한잔 맛보라며 권하시는데 '아……, 세상에! 이런 달콤한 꿀술이 또 있을까?' 입에 쩍 달라붙는 술맛에 웃음이 여기저기서 튀어나왔다. 역시 술은 술독에서 떠 마셔야 제맛이다.

술에 당분을 남기기 위해서는 쌀의 양을 아끼지 않고 풍성히 쓰거나 물을 줄여 잡아 빚어야 하는데, 술을 진하게 담았다 하여 이 방식을 농濃담금이라고 부른다. 단맛을 구하기 어려웠을 옛날에는 꿀처럼 달게 만든 술은 부와 권력의 상징이자, 누구나 함부로 누릴 수 없는 호사 중의 호사였을 것이다.

쉽게 단맛을 낼 수 있는 꿀이나 과일 또는 감미료를 전혀 쓰지 않았는데도 술에 단맛이 나는 이유는 무엇일까? 효모라는 미생물은 달콤한 당분을 먹이 삼아 알코올 발효를 통해 술을 만들어낸다. 쌀의 전분은 그 자체로는 달지 않아서 당화糖化 과정을 통해 단맛을 만들어 주어야 술을 만들 수 있다. 밥을 입에 넣으면 처음엔 단맛이 별로 없다가 꼭꼭 씹을수록 단맛이 나고 흐물흐물해지는데 바로 입안의 당화효소糖化酵素 때문이다. 술을 만드는 발효제인 누룩에는 효모뿐 아니라 누룩곰팡이가 만들어낸 전분을 잘게 쪼개서 단맛을 내도록 하는 효소가 함께 들어있다. 효모가 당분을 먹고 무한정 알코올을 만들어내어 소주처럼 센 술을 만들어 주면 좋겠지만 그건 술꾼의 욕심일 뿐, 발효를 통해 낼 수 있는 알코올 도수는 한계가 있다. 그렇다보니, 당분이 술독에 남아 있어도 어느 정도 알코올이 만들어지고 나면 효모는 더 이상 알코올 발효를 하지 못한다. 여분의 당분은 그대로 술에 남아 달콤한 맛을 선사하는데 이것을 잔당이라 부른다.

우희열 명인의 한산소곡주는 멥쌀로 떡을 만들어 식힌 후에 누룩물을 부어 밑술을 만들고 밑술이 완성되면 찹쌀로 고두밥을 지어 섞어 덧술을 한다. 고두밥과 함께 엿기름, 들국화, 콩, 생강, 고추가 들어가는데 엿기름은 누룩 속 당화 효소와 함께 당화의 역할을 겸하면서 진득한 술맛을 내 주고 들국화는 술에 향기를 더해 준다고 한다. 덧술을 하는 과정에서 위의 재료들을 섞어 넣고 마지막에 홍고추를 박아 주는데, 이는 부정한 것을 막기 위해 금줄을 두르듯 잡스러운 기운을 막아주는 비방이기도 하다.

술을 빚을 때는 무엇보다 위생관리가 중요한데 빨간 고추 하나를 단지에 넣어 두는 그 마지막 정성이, 청결을 지키고 관리를 철저히 해서 잡균의 오염을 차단하여 술맛을 제대로 지켜 내겠다는 마음 다짐의 의식처럼 보인다.

외국에서는 보통 이렇게 단맛이 나는 술을 식사 중간에 챙겨 마시지는 않는다. 대부분 디저트용으로 사용하는데, 한산소곡주는 단연코 밥상에 어울리는 술이다. 단맛이 나는 술에 웬 밥이냐 할 수도 있겠지만, 밥과 함께 술을 마실 때는 입에서 씹을수록 달아지는 밥의 단맛 때문에 술의 감미甘味가 어중간하면 심심한 맛이 든다. 단맛이라고 해도 다 같은 맛이 아니어서 디저트 와인처럼 곱단하고 깔끔한 단맛은 밥에 설탕물을 만 것처럼 밥상에 어울리지 못하고 붕 뜨기 십상이지만 한산소곡

반얀트리호텔 강레오 셰프의 테이스트 오딧세이에서 선보인 한산소곡주

주처럼 숙성된 묵지근한 단맛은 특히 밥과 반찬을 곁들여 먹을 때 힘을 받는다.

웬만한 술들은 매운 맛 앞에서는 맥을 잃고 마는데 그에 반해 한산소곡주는 강건해서 힘에 밀리는 법도 없고 오히려 매운 기운을 살포시 안고 간다. 일전에 양조장을 방문했을 때는 인근의 식당에서 해산물 찜과 함께 구입해간 한산소곡주 몇 병을 풀어 함께 마셨는데, 해산물 찜과도 맛이 나고, 밥에 매운 국물을 두세 수저 더해 쓱쓱 비벼 술과 함께 곁들여도 합이 좋아서 모처럼 술 공부 동문들과 즐거운 시간을 보낸 기억이 있다.

한산소곡주는 밥술이라는 나의 의견에 강레오 셰프가 한산소곡주와 함께 차려낸 밥상을 보고, '셰프라는 직업은 참 상상력이 풍부해야 할 수 있는 직업이구나.' 싶었다. 불린 쌀에 연자육과 민어살을 얹은 뒤 호박잎으로 곱게 싸 밥을 쪄내고, 남은 민어살은 토장을 풀어서 탕을 끓여냈다. 찬과 함께 한산소곡주를 곁들여 냈는데, 술잔 대신 작은 옹기에 한산소곡주를 따라 연잎대를 꽂아 주었다. 보들한 민어살을 밥과 함께 떠서 한입 씩씩하게 먹고, 토장국과 반찬으로 입맛을 좀 보태다가 연잎대를 빨대 삼아서 한산소곡주를 쭉 당겨 들이켜니 이런 입 호강, 눈 호강도 없다.

한산소곡주를 권할 때면 항상 끝에 당부하는 말이 있다. "이 술이 괜히 앉은뱅이 술로 불리는 게 아니에요." 알코올 도수가 무려 18도가 되는 술이니 달콤함에 취해 겁 없이 벌컥 들이켜면 종내 일어나지 못하게 될지도 모른다. 한 잔만으로는 끝낼 수 없는 마력을 가진 술이어서 몇 잔을 주거니 받거니 하다보면 중천의 해는 어느덧 뉘엿하고 집으로 가는 발걸음은 느릿해진다.

제품명 한산소곡주
생산자 한산소곡주 우희열 명인
생산지 충남 서천군 한산면 충절로 1118번지
연락처 070-7017-4726
원재료 찹쌀, 백미, 누룩, 정제수, 야국, 메주콩, 생강, 홍고추
식품유형 약주

알코올 도수 18도
경력사항
| 충청남도 무형 문화재 제3호
| 전통식품명인 제19호
| 2015 한중일 정상회의 만찬주 지정
| 농림축산식품부 선정 〈찾아가는 양조장〉

달큰하면서 구수한 술이다. 한국의 대표적인 앉은뱅이 술로 평가받는 술이니 한 번쯤은 꼭 맛보아야 할 이유가 충분하다. 맵거나 단맛이 있는 양념이 강한 음식에도 기죽지 않는 술이다. 밥과도 잘 어울려 소박한 나물 밥상에 반주로 곁들이기도 좋다. 차갑게 마셔도 좋지만 냉장고에서 한 시간 정도 빼 두었다가 향이 풍부해진 소곡주도 맛보자. 차가울 때 느끼지 못했던 복합 미묘한 향들이 서서히 드러내는 모습을 탐미하는 재미가 있다. 유통기한은 대개 6개월 남짓이지만 살균하지 않은 생주로서는 긴 생명력이다. 살균한 술도 생산되는데 생주와 맛을 비교하며 즐기는 것도 술 공부의 한 재미이다. 한산면 지현리에 있는 한산소곡주 갤러리에 방문하면 한산소곡주에 대한 정보와 함께 여러 가지 소곡주를 한자리에서 맛보고 구입할 수 있다. 매년 10월이면 한산소곡주 축제도 열린다.

단맛은 부의 상징이라오

과하주 술아

태종의 환도를 막은
대신의 속내는?

태종의 환도를 막은 대신의 속내는?

한국에는 과하주過夏酒라는 술이 있다. 무더운 여름의 등살에 탁주나 약주처럼 발효해 만든 술은 쉽게 상해버리고 만다. 요즘이야 냉장고도 있고 살균 기술도 좋아서 술이 상해버릴 일은 별로 없지만 냉장 수단이 없었던 옛날에는 소주만큼 독하지는 않고 약주처럼 달고 부드러우면서도 여름의 더위를 이겨 낼 강건한 술도 필요했을 것이다.

과하주를 처음 접했을 때는 참 경이로운 기분이 들었다. 과하주에 대한 기록은 1670년대 안동 장씨 부인이 쓴 한글 음식 조리서 『음식디미방』을 비롯하여 『증보산림경제』(1766), 『임원십육지』(1842), 『주방문』(1600년대 말엽 추정), 『규합총서』(1809) 등에 등장하며 만드는 원리는 같지만 재료와 방법을 조금씩 달리하여 전해진다. 그 기록된 수가 다른 주품에 비해 독보적으로 많아 조선 사회 상류층과 부유층을 중심으로 널리 사랑받은 술이었으리란 짐작이다.

술을 주제로 이야기를 풀어내는 이야기꾼에게는 더 오래된 기록, 더 재미있는 이야기를 찾고자 하는 갈망을 자제하기가 참 어렵다. 과하주는 고문헌에 술 빚는 방법이 여럿 전해지지만 유명세에 비해 기록된 이야기들은 많지가 않아 궁금증이 일어 자주 사료들을 뒤적이게 된다.

태종 18년(1418)에는 다음과 같은 일이 있었다. 송도에서 한경(한양)으로 환도하기를 원하는 태종에게 '액을 피해야 한다.' '슬픔을 더 추스르셔야 한다.' '정히 가려거든 여름을 나고 가라'며 만류하는 육조의 신하들에게 태종은 그들이 내놓은 거창한 이유에 대해 이렇게 진심을 묻는다. "여름을 날 술을 이곳(송도)에서 많이 빚을 수 있기 때문인가? 한경漢京에서도 과하주를 빚을 수 있지 않겠는가."•

이 기록은 나에게 여러 날의 고민거리를 안겨주었다. 이 『태종실록』의 과하주를 어떻게 해석해야 할 것인가? 1418년 당시의 과하주가 1670년대 『음식디미방』의 주방문처럼 약주에 소주를 부어 발효를 중단시켜 달고 독하게 만든 술이었을까? '송도가 한경(한양)보다 과하주를 더 많이 빚을 수 있기 때문이냐?'는 태종의 질타는 술 빚기 적합한 기후와 지리적 이점을 이야기한 것일까, 아니면 양조에 필요한 원료의 수급이 용이함을 말한 것일까? 그도 아니면 한경에 비해 안정된 예전 고려 도읍지 송도의 정세를 말한 것일까? 무엇보다 대체 과하주가 당시 왕실

• 無他 以其順人心也 今汝等欲予過夏者 不知有何益乎 以過夏之酒 多釀於此都乎 …… 漢京亦釀過夏酒乎.『태종실록』35권.

과 사회 일반에서 어떤 의미를 지녔기에 환도를 결정하는 중대한 자리에서 태종이 신하들의 여러 만류의 속내가 혹 과하주 때문은 아니냐는 서운함을 내비치게 만들었을까? 내게는 여전히 궁금증으로 남아있다.

와인을 좋아하는 사람에게 과하주는 친숙한 양조법이기도 하다. 포르투갈에서는 와인을 발효하는 과정 중에 브랜디를 넣어 인위적으로 발효를 중단시킨 포트와인이 있다. 포도의 당분을 효모가 모두 알코올로 만들어 버리기 전에 도수 높은 증류주를 부어 효모의 활동을 중단시키면, 포도의 당분이 술에 남아 단맛은 풍부하면서도 알코올 도수는 높은 술이 된다. 스페인의 셰리 와인은 알코올 발효가 끝난 와인에 브랜디를 넣어 오크통을 여러 단 쌓여 올려 만든 '솔레라 시스템'이라는 독창적인 방법을 사용해 숙성과 산화과정을 거쳐 다양한 당도와 질감을 가진 술을 만든다. 이렇게 만든 와인을 주정강화와인Fortified Wine이라고 부른다.

과하주를 빚는 방법은 포르투갈의 포트와인 방식에 좀 더 가까워 보인다. 영국과 프랑스의 백년전쟁으로 시작된 갈등은 역사의 파고를 넘고도 쉽게 가시지 않아 17세기 무렵에는 프랑스 와인의 영국 수입이 전면 중단되고 만다. 이에 17세기 후반 영국의 상인들은 프랑스 와인 대신 포르투갈의 와인을 영국으로 수입하기 시작했는데 프랑스보다 먼 이동거리에 오크통 안의 와인이 시어지고 상해버리자 대안으로 브랜디를 첨가하기 시작했다. 지금의 달콤하고 농밀한 포트와인의 맛은 첨가하는 브랜디의 양을 늘리고 술의 투입시기를 앞당겨 당분을 남겨 만든

1820년대 빈티지 포트와인의 영향이라는 견해도 있다.

> 누룩 두 되에 탕수 한 병 식혀 부어 하룻밤 재워두었다가, 위에 뜬 찌꺼기는 따로 주물러 체에 밭친 뒤 식힌 물을 더 부어 거르고 찌꺼기는 버려라. 찹쌀 한 말 백세百撓하여 잘 익혀 쪄 식거든 그 누룩 물을 섞어 넣었다가 사흘쯤 되어 좋은 소주 열 복자를 부어 두면 맵고 다니라. 칠 일 후에 써라.
>
> _『음식디미방』 중에서

와인은 그 자체로 당분이 있으니 효모만 있으면 술을 만들 수 있지만 곡물로 술을 만들려면 전분을 쪼개 달게 만드는 당화 과정을 거쳐야 한다. 1670년대 안동 장씨 부인이 쓴 『음식디미방』에서의 과하주 만드는 방법은 이렇다. 잘 끓여 식힌 물에 누룩 두 되를 풀어 찹쌀밥과 누룩 물을 섞어 삼 일을 둔 뒤 소주 열 복자를 부어 발효를 중단한다. 알코올 발효 중에 소주를 넣어 효모가 더 이상 활동하는 것을 막아 발효를 중단하면 단맛이 술에 남아 맛은 달면서 제법 독한 술을 만들 수 있다. 알코올 발효 중 어느 시점에 소주를 넣느냐에 따라 술의 단맛을 조절할 수도 있다.

농촌진흥청이 발간한 『풀어쓴 고문헌 전통주 제조법』에는 조선 시대의 도량을 고문헌들의 연구를 통해 정리해 두었는데 『음식디미방』의 과하주 제조법을 현대적으로 적용하자면, 누룩 800g에 물 3.42L, 찹쌀 5.4kg이 들어가니 쌀 양이 물 양에 비해 현저히 많은 농담금 술이다. 여

발효 중인 술에 소주를 부어 과하주 만들기

기에 소주 열 복자를 11.4L로 보면 달고 독하다는 맛이 상상이 간다. 이 책에는 『음식디미방』의 제법뿐 아니라 『증보산림경제』에 수록된 과하주 만드는 세 가지 방법대로 양조를 한 뒤 이화학적 분석결과도 수록해 두었는데 그 결과가 상당히 흥미롭다.

술아원의 강진희 대표와 처음 만난 날엔 과연 여리고 고운 외모를 가진 사람이 힘이 무던히 드는 술일을 할 수 있을까 싶었다. 허나 사람은 겉으로 봐서는 모르는 일이다. 꽃 같은 과하주 '술아'를 출시하더니, 경기도 여주에 새 양조장을 지어 이사도 했다. '술아'라는 이름은 처음 과하주過夏酒 만들던 날에 "아이고 이놈의 술아."라고 했던 자조 섞인 한탄이며 '술과 나'라는 자화상적 이름이기도 하다.

양조장 술아원의 과하주 술아는 봄의 매화 · 여름의 연꽃 · 가을의 국화 · 겨울의 순곡, 이렇게 네 종류가 있다. "대표님 어떤 꽃을 쓰세요?"라고 묻자 "봄 되면 꽃부터 따러 다녀요. 양조장 근처에 매화가 곱게 펴요." 하신다. 양조장 일의 고됨을 알기에 꽃차를 쓰면 안 되는 일인지를 물었더니, 낮은 온도에서 반나절을 덖어야 하고 직접 해야 마음이 놓이기도 한다는 답변을 준다. 여름의 연꽃은 백련을 구해 냉동하여 사계절을 쓰고, 국화 역시 따서 덖는다. 요즘 새로 양조장을 시작하시는 분들은 전직도 경력도 다양한데, 술아원의 강진희 대표는 술을 하기 전에는 꽃차와 음식을 했다.

술아원의 네 종류의 과하주 중에 나는 쌀로만 빚은 '겨울' 순곡 과하주에 좀 더 높은 점수를 준다. 향을 맡으면 잘 구운 카스텔라 향이 콧등을 훅 친다. 함께 시음하던 사람들을 붙잡고, "이것 봐봐, 카스텔라 냄새야." 하고 수선도 좀 부렸는데, "아, 정말 그러네요. 아주 단내가 나요." 하며 공감들을 해 주었다. 못 보던 술맛을 찾아내면 곳간에 쌀섬이라도 들

봄, 여름, 가을, 겨울: 술아원의 사계절 과하주

어온 것처럼 반가운 것이 술 이야기꾼의 마음이다. 아주 달콤한 술인데 그 단맛이 농담금하여 오래 숙성한 약주와 사뭇 다르다. 촉촉하고 깔끔한 맛이며, 뒷심에 과일향도 제법 올라와 킁킁거리며 냄새 맡는 재미를 준다. 술을 삼킨 후의 후미에서도 단맛과 향이 잔잔하게 남아서 제법 솜씨를 부린 술임을 알게 된다. 과하주 형태로 술에 당분을 이만큼 남기려면 쌀 양을 넉넉히 써야하니 여기서 가격을 더 낮추기는 어려워 보인다.

물론 이 술에 미련이 없지는 않다. 이왕이면 과하주의 제 목적답게 더운 날씨에도 잘 버티는 알코올 도수가 제법 높은 달고 독한 술로도 생산이 되면 좋겠다 싶은데, 술아의 과하주들은 15도와 20도이고 살균하지 않은 술이니 냉장 보관을 해야 한다. 이런 아쉬움을 강진희 대표에게 전했더니 먼저 포옥 하고 한숨을 잠시 낸다. 단맛이 많이 나면서 알코올 도수도 제법 올리려면 소주를 많이 써야 하는데, 주세법에는 약주에 넣을 수 있는 소주의 허용치가 전체 알코올 도수의 20%이니 그 이상의 소주를 넣으면 식품유형이 약주가 아닌 기타 주류가 된다는 설명이다.
"술아원의 과하주는 약주에 가까운 술이라 생각돼서 기타주류 범주 안에 넣고 싶지 않았어요."

내 마음속 과하주는 약주이기도 소주라 단정하기도 묘연한 술이다. 약주라 하기에는 소주의 쓰임이 만만치 않고 도수도 높으며, 소주라 하기에는 약주의 발효 형태를 지닌 술이기에, 세계적으로 술을 나누는 분류를 굳이 빌자면 혼성주混成酒 형태이다. 사실 혼성주라는 범주로도 과하주는 설명이 어렵다. 약주 만드는 발효 과정 중에 소주를 넣은 것이지

둘을 그저 섞은 것도 아니기에 독특한 술의 형태에 맞게 '강화약주' 형태의 식품유형을 별도로 분류했으면 하는 바람이다. 현재로서는 소주를 많이 넣으면 '기타주류'라는, 술의 정체성을 알 수가 없는 아쉬운 이름의 식품유형을 가지게 되는 데다가 주세 역시 30%에서 72%로 늘어나니 만드는 사람 입장에서는 고민이 여럿 되겠다.

소비자들은 과하주를 약주 형태의 김천 과하주와 혼동하기도 한다. 경상북도 무형문화재이자 식품명인인 송강호 명인의 양조장에는 두 가지 술이 생산되는데, 알코올 도수 16도의 김천 과하주는 쌀과 누룩으로 발효한 약주이다. 이름은 같지만 소주를 넣어 만든 과하주와는 다르다. 김천의 과하천 샘물 맛이 좋아 '과하천 물로 빚은 술'이라 하여 '과하주'로 부르는 조선 시대 이름난 술 중 하나다. 현재는 16도인 김천 과하주 약주와 과하주 방식으로 만든 23도의 술도 생산하는데 23도의 과하주 방식의 술은 기타주류라는 식품유형으로 생산한다.

꽃 따러 다닌 봄, 가을과 술 빚는 고단함을 생각하면 술맛을 가리는 음식을 곁들이기 미안해지기도 해서 이럴 때면 카카오 함량이 높은 초콜릿을 곁들이기도 한다. '단 술에 쓴 초콜릿?'이라 생각할 수도 있겠지만, 겨울에 노천 온천을 경험해 본 사람은 공감할 수 있는 맛 조화다. 화이트 와인 잔에 반쯤 따라 차갑게 마시면 '아이고 술아.' 하며 부드럽게 넘어가고 18도 정도의 온도로 마시면 꽃 향과 달콤한 향내들을 더 진하게 느낄 수 있다.

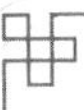

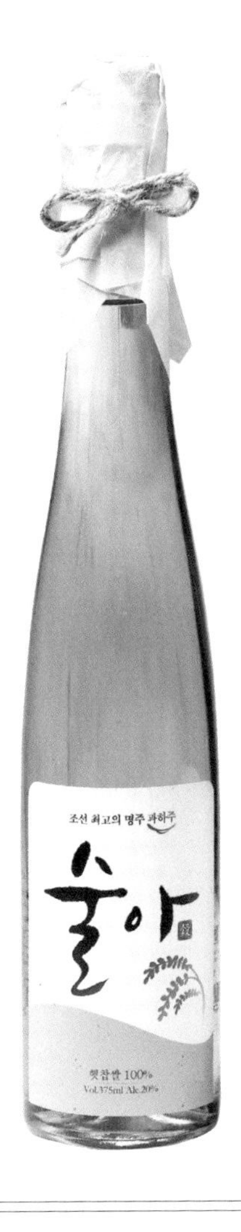

제품명 술아
생산자 농업회사법인 (주)술아원 강진희 대표
생산지 경기도 여주시 대신면 초현리 126
연락처 070-8776-0007
원재료 쌀, 누룩, 증류주정, 정제수
식품유형 약주

알코올 도수 20도

조선 시대 널리 빚어진 과하주 기법으로 만든 술이다. 발효가 진행되는 도중 소주를 부어 알코올 발효를 중단시켜 단맛이 나면서도 도수가 높은 술을 만드는 방법이다. 술아원의 과하주는 봄·여름·가을·겨울, 네 종류로 생산이 되는데 봄·여름·가을의 술에는 꽃이 들어가지만 겨울은 부재료 없이 쌀만을 사용한다. 술아원의 과하주뿐 아니라 화양 양조장의 '풍정사계 하夏', 보성의 '강하주', '김천 과하주' 등 한국의 강화약주 방식의 술들과 외국의 주정강화 와인을 비교하여 맛보는 것도 술 공부의 즐거움이다.

몸 챙겨가며 살아요

대통대잎술 십오야

이 푸른

대나무통의 정체는?

이 푸른 대나무통의 정체는?

오월이 되면 고무줄 끊고 도망가는 사내아이 웃음처럼 낭창대는 대나무 숲속 바람소리가 그리워진다. 언제이던가? 늦은 봄날의 담양 대나무 공원 죽녹원은 쭉쭉 뻗은 대나무가 하늘을 가리고 바람만 능청하게 불었더랬다. 이런 고장에서 대나무를 소재로 한 술이 없다는 것 자체가 말이 안 되는 일이겠지.

대통대잎술 십오야는 대나무를 잘라 술병 대신 쓴다. 대나무 통밥이니, 대나무 통구이, 아니면 대나무 엑기스를 넣은 술은 많이 봤어도 이건 기발한 아이디어다. 푸른빛이 살아있는 대통에 담긴 술을 딱 꺼내 놓으면 이 통 이야기 하나로도 술자리가 흥미진진해진다. "대체 어떻게 술을 넣은 거지?"부터 시작해서 "어떻게 따라 마시는 거야?" 그리고 가끔은 "술통이 왜 꽉 안 차있어?"

위아래가 막힌 대나무 통에 들어 있는 술의 비밀은 바로 주사기. 통의 상단에 바늘구멍을 내서 관을 통해 술을 주입을 한다. 개봉할 때는 함께 동봉되어 있는 작은 나무망치의 뾰족한 끝으로 톡 쳐서 두 개의 구멍을 내면 된다. 술의 양이 일정하지 않은 것은 자연 상태의 대나무이다 보니 크기가 매번 일정하지는 않기 때문인데, 상표에 표시된 용량대로 넘치지도 부족하지도 않게 술이 담겨있다. 한 가지 주의할 점은 보관을 할 때는 반드시 세워서 두어야지 눕혀 놓으면 술이 셀 수도 있다.

대통대잎술 십오야는 개성 넘치는 외관 때문인지, 행사와 외식 업체에 추천을 할 때마다 자주 선택되어 남산의 반얀트리호텔, 파크하얏트 서울, 제주 켄싱턴 호텔의 한식당 돌미롱, 홍콩의 한식당 모모야마의 디

샤넬 VIP 고객 한국 방문 행사장에서 선보인 대통대잎술 십오야

너 행사 등에서 소개되어 외관의 독특함뿐 아니라 그 술맛도 인정받았다. 그중 가장 기억에 남는 것은 2015년 명품 브랜드 샤넬의 행사이다. 샤넬의 수석 디자이너 칼 라거펠트가 한국에서의 첫 패션쇼를 위해 샤넬의 VIP 고객들과 함께 한국을 방문하였는데, 한식과 전통주를 소개하는 행사장에 모인 고객들이 대통대잎술 십오야를 보자 "내가 한번 따볼게요." 하며 웃고 즐거워하던 모습이 생생하다.

대통대잎술 십오야를 만드는 양조장 추성고을은 담양의 대나무 숲 공원인 죽녹원에서 십 분 정도 떨어진 거리에 있다. 추성고을 대표 양대수 명인 댁에는 4대에 걸쳐서 쌀을 원료로 하여 구기자와 오미자, 두충, 진피 등 십여 가지의 약재를 넣어 술을 빚어 왔는데 지금도 그 방법을 이어 술을 만든다.

가문의 비방에 현대적 양조법을 접목하여 한껏 공들여 빚은 술이 익으면 맑게 걸러둔다. 갓 베어와 수분이 마르지 않은 대나무 통에 작은 구멍을 뚫고 주사기를 이용해 술을 채우는데, 일일이 수작업을 거쳐야 하는 만만치 않은 공정이다. 잘 맛을 낸 술이 대나무통 속에서 숙성 과정을 거치면서 대나무의 신선한 수액樹液과 어우러져 나긋해지고 품위 있어진다. 술에 들어간 십여 가지나 되는 약재들 모두 만만치 않은 개성을 지닌 것들인데도 누구 하나 내쳐 나와 뽐내며 큰소리로 자랑하지 않고 둥글둥글하게 손을 맞잡는다.

『임원십육경제지』에는 조선의 유학자 유중림이 쓴 『증보산림경제』(1766)를 인용한 흥미로운 술 빚기 방법이 수록되어 있다. 바로 '와송주방臥松酒方'인데, 비스듬히 자란 소나무의 구부러진 부분을 파내 말구유처럼 만들어 그 안에 술을 담아 빚는 방법이다. 술덧을 넣어 준 뒤에는 소나무로 뚜껑을 만들어 진흙을 바른 뒤에 다시 풀을 덮어서 빗물이 스며들지 않도록 해서 발효를 한다. 다 익은 뒤에 걸러 마시면 소나무의 맑은 향이 입안에 가득하단다. 그 맛이 너무도 궁금하지만 운치는 있으되 추천은 못할 방법이다 싶다. 술기운을 머금은 소나무는 죽고 말 텐데 그렇게까지 해서 술맛을 탐닉할 필요가 있었을까? '죽통주방竹筒酒方' 편에서는 대나무 통을 이용하여 술을 빚는 법을 소개하고 있는데 '생대나무의 마디에 구멍을 내고 와송주법과 같이 술을 빚는다.'는 설명이다. 이 정도라면 갓 베어낸 대나무 통을 쓰면 되니 집에서라면 시도를 해볼 만도 하겠다. 양조장에서는 술의 위생과 안전을 위해서 죽통 자체에 쌀과 누룩을 넣어 발효해서 만드는 방법을 사용할 수 없지만 발효조에서 잘 익은 술을 걸러 다시 대통에 넣어 숙성한 대통대잎술 십오야라면 죽통주방의 시원한 운치를 어느 정도 느껴볼 수도 있겠다.

알코올 도수 15도의 약주로 가벼운 질감과 은근한 약재 향, 입안에 살짝 감기는 단맛이 매력적인 대통대잎술 십오야와 잘 어울리는 음식은 담양골의 식재료로 차려낸 한상차림이다. 담양의 작은 동네 식당에서 받아든 밥상은 참으로 풍성했다. 죽순에 소금 간을 살짝 해서 볶은 나물이며, 짭조름하면서도 달큰한 양념의 불향이 가득한 떡갈비며, 돼지고기를 삶아 편편이 썬 수육과 몇 가지나 되는 나물과 조기구이에 대나무

통에 쪄낸 고슬고슬한 밥까지. 눈과 입을 호강시키는 밥상이었는데, 이것저것 한 젓가락씩 집어 대통대잎술 십오야를 곁들이며 맛을 보는 순간에는 세상 없이 느긋한 심정이 되었다. 무엇과도 합이 좋아서 술이 자꾸 당기는데 떡갈비와는 '오호.' 소리가 나게 어울리고, 꼬들꼬들 씹히는 죽순 나물은 '아이고 좋다.' 소리가 나오게 만든다. 다만 삶은 돼지고기와는 뭔가 맹숭하고 심심한 것이 간이 약하고 기름기가 없는 식은 돼지고기는 대통대잎술 십오야의 맛을 받쳐 주기엔 힘이 약해 보인다.

제주 켄싱턴 호텔의 한식당 돌미롱에서 열린 전통주 갈라디너에서는 한우로 만든 떡갈비와 대통대잎술 십오야를 곁들여 소개하였는데 손님들이 너나없이 술이 술술 넘어가는 조화라며 즐거워했다. 술은 밥상 위에서 함께 발전한 것이기에 그 고장의 술은 그 고장의 향토 음식과 최적의 조화이다. 대나무 밭 정자에 앉아 서걱이는 댓잎 소리를 들으며

제주 켄싱턴 호텔 갈라디너에서 선보인 대통대잎술 십오야

십오야 밝은 달빛 아래서 대통대잎술 한 잔을 맛보는 여름을 상상한다. 대숲의 푸르른 기운과 이 술 한 잔이면 미세먼지 가득한 세상 인심과는 안녕이다.

제품명 대통대잎술 십오야

생산자 추성고을 양대수 명인

생산지 전라남도 담양군 용면 추령로 29

연락처 061-383-3011

원재료 쌀, 고과당, 누룩, 솔잎, 오미자, 구기자, 갈근, 진피 , 육계, 댓잎, 구연산, 아스파탐

식품유형 약주

알코올 도수 15도

경력사항

| 전통식품명인 제22호

| 농림축산식품부 선정 <찾아가는 양조장>

농림축산식품부가 지정한 전통식품명인 제22호 양대수 명인이 빚는다. 쌀에 십여 가지 한약재를 넣어 함께 발효한 술이지만 약재의 향과 맛이 뾰족하게 튀지 않고 잘 어우러지는 데다 대나무통 숙성을 통해 더욱 부드러워져 조화로운 맛을 낸다.

대나무로 유명한 담양에 간다면 꼭 맛보아야 하는 술이다. 자연 상태의 대나무통을 잘라 그 속에 발효된 술을 넣어 다시 숙성 과정을 거치기 때문에 기울여서 보관하면 술이 샐 수 있다. 살균하지 않은 생 약주이기 때문에 냉장고에 보관하고, 개봉한 뒤에는 가급적 빨리 마시는 것이 좋다.

몸 챙겨가며 살아요

둔송구기주

빠진 이도
다시 난다는 구기자인데

빠진 이도
다시 난다는 구기자인데

미슐랭 가이드에 삼 년 연속 3스타 레스토랑으로 선정된, 신라호텔 '라연'의 식음료 담당자가 소식을 전해왔다. 라연의 식음료 담당자들과 마케터, 소믈리에들과 함께 다수의 전통주들을 시음하고 고민한 날이 여러 날, 전통주를 여럿 보충하여 주류 리스트를 보강한 몇 달 후 전통주의 판매량이 상당히 늘어났다는 소식이었다. 그중 어느 술이 제일 잘 나가느냐는 질문에 "둔송구기주가 제법 잘 나갑니다."라 답을 주신다. 여러 복합적 요인이 있었을 것이다. 한식에 두루 잘 어울리는 맛이라는 게 가장 큰 이유였을 것이고, 늙은이도 젊게 만든다는 구기자의 효능에 얽힌 이야기도 재미있어 이 술을 추천하는 사람에게 자신감도 주었을 것이다. 외식업체의 경우, 한국 전통주보다는 와인과 고가의 수입주류 판매가 이익을 내기 더 쉬울 수도 있을 터인데 당장의 손해를 감수하고 내린 이런 결정은 미래에 대한 안목이고 투자이리라. 특히 라연은 제철 식재료를 고객에게 제공하기 위해 세 달에 한 번씩 리뉴얼되는 코스요리마다 음식에 어울릴 전통주를 새로 선정하여 고객이 계절에 맞는 음식과 술을 함께 즐길 수 있도록 세심히 신경을 쓴다.

한국에서 구기자로 유명한 산지를 든다면 단연 충청남도 청양이다. 전국 구기자 생산량의 약 70% 가량이 이곳에서 난다. 둔송구기주 역시 이곳 청양에서 만들어지는데 하동 정씨 집안의 10대 종부인 임영순 명인이 며느리인 최미옥 전수자와 함께 술을 빚어낸다. 이 집안 술의 역사와 그 기품을 인정받아서 1996년 식품명인으로 선정되었고 2000년에는 충청남도 무형문화재로도 이름을 올렸다.

청양의 둔송구기주는 쌀을 주원료로 하여 구기자 열매뿐 아니라 잎과 뿌리까지 허투로 버리지 않고 쓴다. 거기에 두충 껍질과 감초, 들국화까지 들어가는데 한국 술 이야기꾼으로 유명한 '막걸리 학교'의 허시명 교장 선생님의 말을 빌리자면, 술을 워낙 좋아하시던 임 명인의 남편을 위하여 건강에 좋은 약재를 이리저리 찾아 보탠 것이 현재의 둔송구기주 맛이 탄생된 배경이란다. 청양이라는 생산지의 이름을 술에 붙인 것은 이해가 되는데 대체 '둔송'이라는 말은 어디서 나왔을까? 둔송이란 소나무가 있는 나지막한 언덕이란 뜻으로, 임 명인이 다니는 사찰의 스님이 지어주신 이름이라고 한다. 명인의 술 담그는 과정의 이야기를 들으면 공장에서 찍어내듯 만드는 대량 생산은 아무래도 어려워 보인다. 구기자도 심어야지, 쌀농사 지어야지, 두충까지 직접 심고 키우고 수확한다. 술 재료가 부족할 때라도 인근 농가의 것을 구해 쓰지 누가 키워냈는지 모르는 집의 것은 쓰지를 않는단다.

한 모금을 마시면 마치 은근한 불에 푹 퍼지도록 달여 낸 대추차처럼 단맛과 구수함이 입안을 맴돈다. 술 자체는 진득거리거나 무겁지 않아서 이런저런 음식에 가볍게 곁들이기 알맞다. 신맛은 많지 않고, 단맛 역시 날카롭지 않다. 술이 유통 중에 상하지 않도록 살균을 하였음에도, 살균한 술에서 간혹 날 수도 있는 탄내나 생야채, 장맛 등 이런저런 탐탁지 않은 맛들을 느끼기 어렵다. 이는 기술 덕분도 있겠지만 의도하지 않은 향들이 본데없이 고개를 쳐들지 않도록, 구기자와 함께 보태진 향기로운 재료들이 눌러주는 이유도 있을 것이다.

둔송구기주에는 어떤 음식이 어울릴까? 반얀트리호텔의 강레오 셰프는 자신이 직접 산지에 내려가 제철 식재료를 찾아내 선보이는 테이스티 오딧세이 행사에서 전라남도 신안 임자도 민어의 살을 발라 보리된장 소스에 살짝 재워 두었다가 구운 뒤, 방아 가루를 살짝 뿌려 낸 민어구이와 함께 청양의 둔송구기주를 곁들여 냈다. 전라남도 바다 물길과 충청도 내륙 땅이 만든 합이 어찌나 좋던지 '한 잔 더'를 청하는 사람이 여럿이었다는 후문을 들었다.

셰프의 손을 빌지 않더라도 청양 둔송구기주는 소박히 차려낸 모든 음식과도 잘 어울린다. 국물이 자박한 찌개류이거나 기름을 넉넉히 둘

반얀트리호텔 강레오 셰프의 민어구이와 둔송구기주

러 구워낸 전류이거나 산과 들에서 채취한 나물 무침, 냉장고에서 꺼낸 먹다 남은 한 종지 김치에도 잘 어울려서 딱히 '이 음식에 이 술이에요. 이 술에 이 음식은 정말 아니에요.' 할 것도 없다. 봄의 기름진 전어를 그냥 투박하게 썰어내서 갖은 양념에 야채를 조금 곁들여 무쳐낸 것과 차가운 둔송구기주를 한 잔 곁들이면 입안에서 감칠맛이 배가 되어 어우러지기도 하고, 달콤하게 양념한 불고기에도 좋고 돼지고기를 두툼하게 썰고 큼직하게 통으로 썬 대파와 고추장을 함께 넣고 쓱쓱 버무려 석쇠에 구워낸 고추장 돼지구이와도 좋다.

하얀 머리를 검게 하고 빠진 이도 다시 나게 만든다는 구기자인데, 우리 아버지 살아계셨을 때 이 술 한잔 드리지 못한 것이 서운하다.

제품명 청양둔송구기주

생산자 청양둔송구기주 임영순 명인

생산지 충남 청양군 운곡면 추광길 2-10

연락처 041-942-8138

원재료 백미, 찹쌀, 구기자, 지골피, 두충피, 들국화, 맥문동, 감초

식품유형 살균약주

알코올 도수 16도

경력사항

| 전통식품명인 제11호

| 충청남도 무형문화재 제30호

| 2010 대한민국 우리술 품평회 약·청주 부문 우수상

임영순 전통식품명인이 빚는 술이다. 구기자 열매와 잎, 뿌리까지 아끼지 않고 넣어 발효하여 구수한 풍미가 일품이다. 살균이 되어있어 상온에서 보관하는 것이 가능하지만 그래도 빛을 피해 서늘한 곳이나 냉장 보관하는 것이 좋다. 주전자에 술을 담아 작은 약주 잔을 준비해 서로 주고받으며 정담과 함께하기 좋은 술이다.

몸 챙겨가며 살아요

솔
송
주

행사 여신은

솔송주를 좋아해

행사 여신은 솔송주를 좋아해

얼굴을 뵐 때면 손을 꼭 잡으시고 "잘 지내셨소? 고생이 많네." 인사를 건네시는 박흥선 명인에게는 오백 년 된 일두一蠹 정여창鄭汝昌의 고택을 지켜온 세월만큼의 기품과 따스함이 있다. 딱히 호탕하게 웃는 모습도 무엇을 크게 서두는 모습도 보질 못했다. 그저 가지 풍성한 나무가 그늘을 드리우듯 그렇게 바라보신다. 그 모습에 더 열심히 일을 해야겠구나 하는 분발심을 스스로 내게 하니 이것이 종부宗婦의 통솔력이 아닌가 싶다.

"우크라이나 (전)대통령 방한 때 상에 오를 만찬주로 선정이 되었어요. 여러 사람들이 다 도와 준 덕분이지." 그 뒤 얼마 지나지 않아서 2019년 청와대의 설 명절 선물로 솔송주가 선정되었다는 소식을 전해 오셨다.

해마다 10월이면 홍콩에서 '한국 10월 문화제Festive Korea'가 열린다. 2011년 시작된 이 행사는 한국의 문화를 홍콩에 알리는 대규모 행사다. 2013년부터 3년간 홍콩 주재 한국 총영사관의 초청으로 홍콩 주재 각국의 대사와 정·재계 인사, 언론인들이 초청되어 열리는 개회식 행사에서 한국의 전통주 시음행사를 진행했다. 매번 진행 방식을 조금 달리하지만 2015년에는 정적인 시음회보다 흥 넘치는 분위기도 한번 내보자 싶어 한국의 폐백 풍습을 딴 퍼포먼스를 준비했다. 초청된 VIP 중 젊은 남녀를 즉석에서 모아 절 수건을 맞잡게 하고 총영사관 님이 대추와 밤을 던져 주며 솔송주를 한 잔씩 맛보게 했는데, 사람이 몰려 솔송주가 순식간에 동이 났다. 솔송주는 술맛도 좋지만 약주 중에 흔치 않은 살균주이다 보니 운반과 보관이 편해 행사를 기획하는 사람 입장에서는 참 반가운 술이다.

한국 약주 수출의 어려움 중 하나가 유통의 문제라고 생각을 하는

홍콩 주재 한국 총영사관에서 열린 '한국 10월 문화제' 개회식 전통주 행사

데, 생 약주의 경우 냉장 상태로 운반해야 하니 수출하기에 여간 까다로운 것이 아니다. 사케는 여러 나라에서 쉽게 만나볼 수 있고, 많이 알려져 있는데 왜 우리 약주는 세계화를 못하냐는 질문을 받을 때면 길고 긴 마음의 앞뒷머리를 잘라내고 이 부분을 말한다. "일본 사케의 대부분은 살균주이고, 사케를 자국의 국내외 행사에 적극 활용하며, 해외 파견 인력들을 대상으로 일본 술 교육도 합니다."

언젠가, 한국에서 나고 자랐지만 와인과 미식의 나라 프랑스에서 오래 살며 와인전문가로 활동한 지인이 박흥선 명인의 솔송주를 처음 맛보던 날에는 무던히도 나를 타박을 해댔다.

"이렇게 좋은 술이 있는데 왜 안 알리는 거야! 이 맛은 프랑스에서도 팔릴 맛이야." 사실 듣고 있는 내 마음이 꼭 즐겁지 많은 않아서 '그럼 당신이 좀 내다 팔아주라.' 하고 응수를 하고 싶었지만 말이다.

솔송주 빚기는 지리산 자락의 소나무에서 송순을 따 갈무리하는 것부터 시작된다. 쌀도 인근 지역에서 나는 쌀을 박 명인이 직접 골라 장만한다. 평소에는 내색을 하지 않는 명인이지만 언론과의 인터뷰 자리에서는 처음 시집와 시어머니로부터 술 배우던 날들의 고충과 상업 양조의 길에 접어들던 당시에 한국 술보다 외국 술을 찾던 사회적 분위기에서 느꼈던 답답함과 오기를 이야기하신다. 시어머니로부터 술을 배울 때는 집에서 사용할 요량으로 한두 독 남짓을 빚었으니 실패할 일이 적었지만 대량으로 빚는 상업양조는 또 다른 문제이다. 여러 달과 해를 넘기며 실패를 반석 삼아 연구한 결과가 지금 술맛의 거름이 되었다.

솔송주가 만들어지는 경남 함양의 개평마을에는 600년 세월 동안 자리를 지킨 한옥들이 고즈넉하게 자리를 잡고 있는데 명가원 양조장을 방문하던 날에 이 지역의 해설사로부터 이 마을에서 정승을 여럿 냈고 근간에도 이름난 사람을 여럿 배출했다는 이야기를 들었다. 낮은 담길을 따라 꽃구경을 하며 걸었던 이 마을에는 마음을 집중하게 하는 차분한 기운이 있다. 최근에는 인기 드라마 《미스터 션샤인》에 솔송주의 본가 일두 정여창의 고택이 주인공 고애신의 할아버지, 고사 홍대감 집으로 등장을 해서 화제가 되기도 했다.

솔송주의 맛은 살짝만 구수하고 살짝 감미롭다. 과히 달지도 않고 술맛의 무게도 사뿐히 가볍다. 마치 한복 치맛자락을 잡은 무용수가 눈길을 발끝에 주고 버선발 한쪽을 당겨 든 듯한 살폿함이다. 솔향은 다만 은근히 풍길 뿐, 자기가 주인공이 되겠다고 나서지 않는다. 무던하게 음식들에게 무대의 앞자리를 내주면서 응원을 하니 웬만한 음식과는 합이 잘 맞는다. 싸우지 않으려는 사람을 이길 장사는 없으니까.

목소리 높이는 법 없는 친구같이 편안한 술이 필요한 날. 함양의 솔송주를 술자리에 청해보자. 작은 잔으로 주거니 받거니 하며 정담을 나누기도 좋고, 화이트와인 잔에 따라 내 주량의 발걸음대로 느긋이 즐기기에도 그만이다.

제품명 솔송주
생산자 농업회사법인 (주)솔송주 박흥선 명인
생산지 경상남도 함양군 지곡면 창평리 520-1
연락처 055-963-8992
원재료 정제수, 백미, 송순, 누룩, 조제종국, 효모
식품유형 살균약주

알코올 도수 13도
경력사항
| 전통식품명인 제27호
| 농림축산식품부 선정 〈찾아가는 양조장〉

375ml의 솔송주 작은 병도 생산되는데 두 명이 반주로 마시기 적당하다. 화이트와인 잔을 이용하면 과하지 않게 은근히 퍼지는 솔향을 즐기기 좋다. 보쌈, 수육, 불고기 등 육류 요리와 잘 어울린다. 살균제품이기에 상온 보관이 가능하나 가급적 서늘한 곳에 두고 개봉 후에는 반드시 냉장 보관을 하고 빠른 시일 내에 마셔야한다.

옛 술맛 내는 작은 양조장

맑은바당

산디야,
상큼함을 책임져

산뜨야,
상큼함을 책임져

몇 해 전 일이다. 제주도에 양조장을 낸 술도가 제주바당의 임효진 대표님에게 연락이 왔다. 서울에서 열린 주류 박람회에서 먼저 양조장을 내신 타 업체 대표님으로부터 '술에 산미酸味가 많으니 조율을 좀 하는 것이 어떻겠냐.'는 조언을 들은 것에 계속 마음이 쓰인 모양이었다.

"대표님, 맑은바당 캐릭터가 상큼한 산미잖아요. 이 산미가 어떨 때는 있다가 어떨 때는 없는 것도 아니고 큰 차이 없이 나오는 맛이니 고민 안 하셔도 될 듯해요. 맑은바당을 맛본 사람들이 상쾌한 산미가 좋다고도 해요."

제주의 양조장, 술도가 제주바당에서 생산하는 약주인 맑은바당의 술맛을 처음 보던 날에는 그동안 맛보았던 전통 누룩을 사용한 쌀 약주와는 다른 느낌이어서 나 역시 고개를 갸우뚱했었다. 원료 처리와 발효

조건, 사용하는 누룩이나 물 사용량을 살펴보아도 이와 비슷하게 술을 빚는 다른 곳의 술보다 무게도 덜하고 산미도 있어 바람 많고 따뜻한 제주의 날씨 때문인가 생각도 했다. 나야 술맛을 보는 사람이니 술에 이상이 있거나 제품 상태가 자주 변하는 일만 없다면 소비자의 기호를 충족시킬 다양한 술이 나오는 것을 환영하는 입장이다. 소비자의 반응을 보았는데 가볍고 상쾌한 새콤함이 있어 좋다는 평이 많았고, 외식 업체의 식음료 담당자들도 해산물이나 가벼운 전채 요리에 곁들일 술이 필요했는데 마침 적당한 술이 나왔다며 환영을 해주었다.

시대가 변하면 입맛도 취향도 변한다. 지금은 산뜻한 산미가 나는 술이 많아졌지만 불과 몇 년 전 당시에는 전통 누룩을 사용하여 만든 약주의 대부분이 묵직하고 중후한 맛을 가진 술들이 많아, 화이트 와인의 산뜻한 맛에 익숙해진 사람들은 한국 약주가 단맛 위주라 지루하며 균형미가 부족하다 토로하곤 했다. 술에 있어 산미는 악센트와도 같아서 지나치면 산만하고 부족하면 심심하다. 임효진 대표의 걱정과 달리 가볍고 새콤한 맛을 가진 이 술은 와인 애호가들 사이에 먼저 이름이 나서 '봄바람처럼 산들산들한 술'로 인기를 얻었다.

전통 누룩을 사용해 술을 양조할 때는 술의 산미에 신경을 곤두세우기 마련이다. 술의 산미는 일종의 이상 신호와도 같아 산미酸味와 산패酸敗•

• 술에 있어서는, 발효가 잘못되어 신맛과 불쾌한 향이 나는 상태.

의 경계를 가늠하기가 쉽지 않아 술맛이 시어지면 우선 걱정이 된다. 전통 누룩의 미생물은 그 종류가 다양해서 같은 누룩과 원료로 술을 빚어도 발효 조건과 원료 처리에 따라 변화무쌍한 맛을 낸다. 한 가지의 미생물을 배양해서 사용한 입국이나 개량 누룩을 쓴 술과는 또 다른 전통 누룩의 특징이다. 그래서 농담 삼아 술은 딱 빚는 사람을 닮는다고도 한다.

곡물을 사용한 발효주인 약주에는 발효 과정에 생성된 젖산, 사과산, 호박산, 구연산, 초산 등의 유기산이 들어있다. 특별히 신맛이 나는 원료를 더하지 않아도 술의 산미는 발효 과정 중에 자연히 생기게 된다.

사과산은 이런 저런 과실에 많이 들어있으니 그 맛에 친숙하고 구연산 역시 레몬에 많아 익숙하기도 하며 각종 음료에 산미제로도 쓰인다. 호박산은 독특한 맛을 내는데 약간의 짠맛과 함께 마치 연한 식초물에 조미료를 탄 듯한 희한한 맛이다. 맨입에는 참지 못할 맛이지만 술에 녹아 있을 때는 감칠맛을 주어 술맛을 묵직하고 원숙하게 해주므로 술에서 중요한 맛 성분이다. 숙성한 술에서 나는 맛이라 금방 빚어낸 탁주보다는 사케나 약주에서 주로 난다. 전통주 맛 수업 시간에는 이런 유기산을 활용하여 수업을 진행하는데 이 호박산의 맛을 본 수강생들은 너나없이 독특한 맛에 난감함을 표하면서도 재미있어 한다.

젖산은 대부분 유산균의 활동으로 생성되며, 유제품과 김치에 많이 들어 있는 산이다. 부드러운 풍미를 주지만, 유산균이 지나치게 번식하면 술의 신맛이 강해져 마시기 거북해진다. 또한 유산균의 이상발효는 신맛 외에도 불쾌한 향과 맛 성분들도 함께 생성하여 술을 결국 마시지 못하게 만든다.

술에 초산이 나올 때는 문제가 된다. 초산은 발효 과정 중에 미량 생성되기 때문에 아주 없을 수는 없지만 그 양이 많아지면 곤란하다. 초산은 양조 식초의 신맛이 느껴지는 산인데 그 자체로는 맛도 좋고 건강에도 이롭지만, 초산균이 번식하는 환경과 술이 잘 되는 발효 조건은 상반되기에 초산이 많이 나온다는 것은 술의 발효 조건에 문제가 있었다는 이야기가 된다. 초산은 온도가 높고 산소가 있는 환경에서 잘 번식하는데 술 만드는 과정에 공기가 많이 접하게 되면 알코올 발효가 제대로 일어나지 않아 술이 되지 않을 수 있고, 익은 술의 경우는 산화되어 술색이 진해지고 불쾌한 향미 성분이 많이 생성되기도 한다.

임효진 대표 역시 고민이 많았다. 온도를 낮춰 보고, 조건들을 달리 해봐도 술맛은 같았다. 그러다 어느 날 쌀을 바꾸어 술을 빚으니 산미가 덜하더란다. 맑은바당에서 사용하는 것은 '산듸'라 불리는 제주 밭 쌀이다. 화산섬이라 물이 잘 빠지는 토양이다 보니 논 대신 밭에서 쌀농사를 짓는데 유독 이 밭 쌀을 사용할 때면 맑은바당 특유의 산미가 나온다는 것이다. 결과적으로 걱정은 다행이 되어 맑은바당 술맛의 개성이 되어 주었다.

제주도에서는 바다를 바당이라 부른다. 퇴역한 군인의 아내인 임효진 대표는 남편의 고향 제주에 내려와 술 빚는 인생 2막을 꿈꾸며 작은 마을회관을 얻어 술 제조장을 차렸다. 바닷길도 아름답고 골목도 아기자

술도가 제주바당의 전경

기하여 관광객들이 많이 찾는 제주 올레길 1코스인 종달리 소금밭 마을길에는 아기자기한 카페와 식당, 공방이 있다. 독립서점으로 유명한 '소심한 서점'도 제주바당의 이웃이다.

내 술에 곁일 음식을 부부가 재배한 농산물로 직접 만들어 선보이고 싶다던 임효진 대표가 두부요리 전문점을 냈다. 빕구르망*과 tvN 미식 토크쇼 프로그램《수요미식회》에 소개되기도 한, 두부 맛이 좋은 교대역 인근 식당 '황금콩밭'에서 비법을 전수를 받았다. 제주 양조장 탐방 길에 들러 보았는데 평소 바랐던 대로 직접 재배한 제주도의 콩으로 두부를 만들고 청국장도 띄워서 건강하게 밥상을 차려낸다. 약주藥酒인 맑은바당과 탁주濁酒인 한바당을 곁들이니 그 맛이 더 좋다. 비행기를 타고 먼 길 건너와 호강한 술보다는 내 발로 찾아가 마시는 술이 더

* 세계적 미식 잡지인 미슐랭 가이드에서 추천하는 합리적 가격의 훌륭한 맛집.

맛이 나는 모양이다. 생산량이 많지 않아 서울에서는 흔히 보기 어려운 술이니 제주에 가게 되면 맛보고 오는 것도 좋다. 술도가 제주바당에 한 가지 바람이 있다면, 힘들어도 오래오래 양조장 이어가시고 부디 변함 없는 술맛을 만들어 주십사 청한다.

제품명 맑은바당
생산자 술도가제주바당 임효진 대표
생산지 제주특별자치도 구좌읍 종달로 5길 27
연락처 064-783-1775
원재료 쌀(국내산), 국(밀 누룩) 정제수
식품유형 약주

알코올 도수 15도
수상내역
| 2018 가공상품 비지니스모델 경진대회 최우수상

전체적으로 가벼운 술맛에 상큼한 산미가 있는 약주이다. 상큼하고 가벼운 무게감이 해산물과 전채요리와 잘 어울린다. 양념이 과하지 않은 음식과 곁들이기 좋다.
제주의 발벼를 계약 재배하여 사용하고 해양심층수로 빚는 술이기에 술 한 병에 제주의 땅과 바다가 담겼다고 할 수 있다. 옹기발효하며 수작업으로 소량만 빚어내며 수량이 적어 호텔과 서울의 전통주 전문점 중심으로 납품하고 있으니 제주를 방문하게 되면 맛보기를 추천한다. 제주도에는 맑은바당을 생산하는 양조장인 술도가 제주바당 외에도 특색 있는 술맛을 가진 양조장들이 많으니 제주 관광길에 양조장을 방문해 보는 것도 좋은 경험이 되겠다.

옛 술맛 내는 작은 양조장

순향주

강남 엄마, 여주 가다

강남 엄마,
여주 가다

학군 좋은 강남살이를 소망하는 엄마들도 있는데, 소위 8학군의 중학교에 배정된 아들과 함께 소도시로 이사를 한 엄마가 있다. SNS를 통해서 '우리 아들이 울었어요. 마음이 아팠어요.' 심정을 내비치신 글을 보고, 초등학교 친구들과 함께 학교 다닐 생각에 들떠 있었을 아들인데 귀한 아이 눈에서 눈물이 나게 만들었다니 추연당의 이숙 대표가 결국 배수진을 치시는구나 했다.

서울 양재동의 aT센터에서 열린 〈미래창조 귀농귀촌 박람회〉에서 전통주 시음행사와 함께 현장 상담을 진행했었던 자리였다. 박람회의 취지답게 귀농을 준비하시는 분들이 많다 보니 하루에 40건 가량, 양조장 창업과 술을 배울 만한 교육기관에 대한 문의를 받았다. "양조장을 하시려는 이유는요?" 돌아오는 답은 대개가 이랬다. "어릴 적에 우리 어머니가 그렇게 술을 잘 빚었어. 퇴직하면 내려가려고 장만해둔 땅이 있는데, 양조장하면서 술 좀 빚어 마시고, 조금은 팔기도 하면서 살면 재미는 있을 것 같아요."

그러나 어쩌랴. 한 독 남짓 빚어서 좋은 사람들과 나눠 마시는 술은 다디달지만 이것을 상업적으로 만들어 내고 팔아서 수익까지 낸다는 것은 또 다른 문제다. 세상에 어렵지 않은 일이 어디 있겠냐만은 술로 인생의 2막을 열어간다는 것은 상당한 고초가 따르는 일이기에, 양조장들을 다녀 보시고 우선 술 공부를 하며 경험을 해 보시라는 답변을 드렸다.

순향주를 출시한 새내기 양조장 추연당의 이숙 대표는 일본에서 천연세제를 독점 수입하여 판매하던 유통사업가였다. 다른 나라, 다른 사람의 브랜드를 알리는 일을 하다 보니 한국의 것, 나의 브랜드에 대한 갈망이 커지더란다. 이왕이면 노년이 되어도 아름답게 지속할 수 있는 일이 무엇일지를 고민하던 것이 여러 날, 전통의 맥을 잇는 술을 빚는 양조장을 차리겠다는 결심을 현실로 옮기기 위해 7년여를 준비했다. 꿈은 누구나 꿀 수 있지만 그것을 현실로 만들려면 모진 결단과 노력이 필요하다. 아이를 키우며 바깥일도 하는 엄마들은, 아이에 대한 어찌 못할 죄의식을 천형처럼 달고 살아 간다. 일을 병행하며 미래를 위해 공부를 하던 날들의 어려움은 만만치 않아서, 소녀처럼 웃음 많고 유쾌한 이숙 대표도 조금이라도 마음이 게을러질 때마다 '부지런한 엄마가 되자. 아이에게 자랑스러운 엄마가 되어주자.'는 말을 주문처럼 외우며 마음을 다졌단다. 그 이상 어떻게 더 부지런해지려고 그러시나……. 고단한 엄마의 마음이 이심전심이 되어 순간 마음이 아려왔다.

추연당酋連堂의 뜻을 물었더니 "오래된 술 '추酋', 이어질 '연連', 집 '당堂'이에요. 시간을 두고 잘 익어 좋은 향기를 내는 술을 만들고, 살면서 맺은 좋은 인연들을 소중하게 이어가며 살고 싶어요."라고 답한다. 평소 술맛에는 고집을 내되 사람 농사에는 편견도 척도 지지 않는 그녀의 품성다운 이름이지 싶다.

추연당의 술맛은 여주 땅에서 나온다. 여주산 쌀을 이용해서 술을 빚는데 무농약 쌀을 고집해 쓴다. 누룩이 술맛의 뼈대라면 물은 술을 관통하는 수액이다. 물 좋은 곳에는 좋은 술이 나고, 좋은 양조장이 있는 곳에는 맛있는 물이 있다. 양조장 터를 잡으러 다니던 날에 동네 할머니가 자랑하시더란다.

"이 동네 물맛 참 좋다. 지하수를 파는데 흙물이 아니라 뽀얀 물이 고여. 물길 밑에 옥돌이 있어. 근처를 봐봐. 농약 쳐서 농사짓는 집은 하나도 없다." 양조장을 고민하는 분들이라면 반드시 살펴야 할 일이 안전하고도 안정적인 용수의 공급이다.

물의 성분도 중요한 요소인데, 양조에 유효한 성분으로는 칼륨, 마그네슘, 칼슘, 염소 등이 있고 유해성분으로는 철, 망간, 암모니아, 아질산 등이 있다. 유효성분이 부족할 경우에는 성분을 첨가하는 방법으로 수질을 교정할 수도 있고 양조 원료에 의해 자연히 보충이 되기도 하지만 유해성분은 일련의 과정과 장비를 통해 제거를 해야 하니 아무래도 번거롭다. 지하수 사용을 염두에 두고 있다면 양조장 입지를 고를 때 양조 용수 수질 기준에 적합한지 미리 살펴 대비하는 것이 좋다. 철분이 함유된 물은 건강에 좋은 약수라고 칭찬받지만 양조장집 물로는 고려해볼 사항인데 철분이 술을 검붉게 만들고 향과 맛에 좋지 않은 영향을 미치기 때문이다. 망간은 햇볕에 의한 술 색의 변화에 촉매 역할을 한다. 물에 암모니아나 아질산이 다량으로 검출된다면 오염된 것이니 양조 용수로 쓸 수 없다.

추연당에서 만드는 맑은 술, 순향주는 멥쌀과 찹쌀을 원료로 해서 전통 누룩을 사용하여 발효를 한다. 다섯 번에 거쳐 술을 빚는 오양주이다. 여러 번의 손이 더해져야 술이 되니 품이 많이 드는 작업이다. 고문헌에 기록되어 있는 방법을 기초로 해서 술 빚던 날의 경험과 소비자의 요구를 반영해서 재해석했다.

추연당의 순향주는 오래 봐야 예쁜 들꽃처럼 그 맛을 한입에 자랑하지 않는 밥상에 어울리는 밥술이다. 시작한 지 얼마 되지 않은 양조장이지만 이 술의 진가를 익히 알아본 사람들이 나서서 술을 팔아준다. 서울 마포의 '3C5花', 경리단길의 한국 술집 '안씨 막걸리', 홍대 앞 '산울림 1992', 청담동 한식당 '애류원' 등에서 순향주를 맛볼 수 있다.

순향주에 어울릴 음식을 물었더니 "저는 불고기가 좋더라구요." 한

순향주 한상, 사진 제공 추연당

다. 의례 음식을 배우신 선생님이니 "신선로도 잘 하실 텐데, 고품격으로 신선로 어때요?" 했더니 이리 답을 주신다. 순향주에 신선로가 잘 어울리지만 일상적으로 접하기는 쉽지 않으니 평소에는 불고기를 곁들여 술과 함께 내어 놓는다는 설명이다.

불고기야 간장과 배즙, 몇 가지 양념으로도 만들 수 있는 것이지만 집집마다 그 맛이 다 다르니, 순향주에 어울릴 만한 비법을 물어보았다. "불고기가 슴슴해야 해요. 맛간장이 중요해요." 전날 황태 한 마리와 다시마를 넣어 끓여 육수를 만들어 쓴다. 배는 갈아서 즙으로 만들고, 양파 껍질, 고추씨, 양조간장을 더해 끓여 맛간장을 만드는데 여기에 파의 흰 부분을 잘라 갈색이 나도록 석쇠에 구워 같이 넣어 달인다는 설명이다. 이 맛간장으로 불고기도 만들고 육포에도 쓴다는데, 순향주와 육포의 조합도 훌륭하겠다는 생각이 든다.

보통 음식과 술을 곁들일 때는 주인공이 누가 될지를 염두에 두고 추천을 하는데 술 공부와 음식 공부를 같이 한 이숙 대표의 밥상에서라면 술과 음식이 듀엣처럼 아름다운 앙상블을 보여줄 것이라는 생각도 들게 만든다.

음식과 어울리는 술, 사람과 호흡하는 술을 빚고 싶다는 이숙 대표의 바람이 곧 이루어질 모양이다. 전통주 체험과 숙박, 양조가 가능한 공간을 준비하여 곧 선보인다니 기대가 된다. 술을 글로 소개하는 사람은 항상 이 술이 얼마나 오래 생산이 될지를 염려하게 된다. 이제 출발한 추연당이 부디 지치지 않고 오래오래 양조장을 이어나가서 곰삭은 발효음식 같은 인연의 힘을 담은 훈훈한 술을 빚는 양조장이 되기를 바래본다.

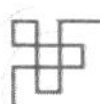

제품명 순향주
생산자 (주)농업회사법인 추연당 이숙 대표
생산지 경기도 여주시 가남읍 금당리길 1-111
연락처 070-8850-5312
원재료 쌀, 우리밀 누룩, 정제수
식품유형 약주

알코올 도수 15도

기름기 도는 여주의 햅쌀밥처럼 기분 좋은 향과 맛을 내는 술이다. 단맛을 다소 줄여 질리지 않도록 담담한 술맛을 추구한다는 게 양조장의 설명이다. 전통 누룩을 사용하여 수작업으로 생산하는 전통방식의 약주와 탁주는 계절과 출고일에 따라 맛의 편차가 있는데 그 간극을 줄이고 양조장이 추구하는 맛을 유지하는 것이 양조장의 기술력이다. 소비자 입장에서는 계절과 생산일자에 따라 조금씩 차이를 보이는 술맛을 감상하는 것도 관전 포인트가 된다.

옛 술맛 내는 작은 양조장

천비향

천리에 퍼지는
그 술 향기

천리에 퍼지는
그 술 향기

2013년 봄, 대전에서 열리는 '국제푸드&와인페스티벌' 주최측에서 연락이 왔다. 이곳에서 한국의 전통주를 소개해보면 어떻겠냐는 제안이었다. 한국뿐 아니라 전 세계의 와인 전문가, 소믈리에, 수입사들이 모이는 국제 규모의 행사이기에 마다할 이유가 없었다. 국내 주류와 외식산업 종사자들에게 대전의 이 행사는 매년 기다려지는 연례행사 중 하나이기에 외식과 유통관계자들에게 한국 전통주를 알릴 좋은 기회이기도 했고, 무엇보다 외국의 주류 전문가들이 한국 술맛에 대해 어떤 반응을 보일지가 궁금했다. 게다가 전통주 관을 마련해 양조장 측에 홍보부스와 숙소를 제공해 준다고 하니, 주최 측은 콘텐츠를 늘려 좋고 전통주는 홍보의 장을 얻으니 나만 조금 고생을 하면 두루 좋은 일이라 싶었다.

하지만 이상과 현실은 달라서 품평회 출품을 설득하는 것도, 참가 부스를 모집하는 것도 쉽지 않았다. 마음이 앞서기만 했지 소규모의 인원이 운영하는 전통주 양조장 입장에서는 무료로 부스를 준다 해도 4일이라는 긴 박람회 일정은 부담이 되기도 했을 것이다. 게다가 처음 열리는 행사이니 그 결과를 가늠하기도 어려워서 고민이 되리라는 걸 예측하지 못한 탓이다. 다행히 '관군官軍은 오지 않는다. 의병은 스스로 나선다.'는 가치 아래 모인 우리술협동조합 소속의 양조장들과 서울국제주류박람회에서 부스를 돌며 시음 행사를 도와드리며 인연을 맺었던 대표님들이 달려와 준 데다가 주최측의 노력으로 충청권 양조장과 관련 단체의 참여가 늘어나 아주 풍성한 전통주 관이 마련이 될 수 있었다.

2013년에는 막걸리, 2014년과 2015년은 약주로 품평회를 진행했는데 외국인 심사위원단의 한국 약주에 대한 품평은 참으로 진지했

대전 〈국제푸드&와인페스티벌〉에서
한국 전통주 심사 중인 해외 심사위원들

주 이탈리아 대한민국 대사관의 국경일 행사에 소개된 천비향

다. 우선 과실이 아닌 곡물로 이런 방향을 낼 수 있다는 것에 놀라워했고, 같은 쌀로 빚은 술이지만 일본의 사케와는 아주 다른 맛과 향이라는 평이었다. 다양한 특징을 가진 출품주 중에서 예상외로 전통 누룩을 사용한 생 약주에 좋은 평점들이 나왔는데, 평소 개성이 다양한 포도 품종의 향과 와인의 숙성에서 오는 복합적 풍미에 대한 경험이 전통 누룩을 사용한 한국 약주의 맛과 향을 편견 없이 보도록 한 것이 아닌가 싶다.

한국 약주가 가진 누룩 향이 외국인의 입맛에 맞지 않을 수 있다는 생각은 오히려 한국인이 가지는 편견이 아닐까 하는 생각이 들었다. 이곳에서 2014년, 2015년 2년 연속 (주)좋은술의 천비향이 외국인 심사위원이 뽑은 우수한 전통주로 선정되었다.

글로벌 체인호텔인 파크하얏트에서는 매년 특별한 이벤트를 연다. 각 나라의 생산자들을 돕고 고객에게 건강한 음식을 제공하자는 취지에 따라, 해마다 전문가를 초청해 전통의 문화를 담은 파인다이닝과 주류를 매칭해 선보이는 '마스터스 오브 푸드&와인Masters of Food &Wine' 행사를 여는데, 2015년 파크하얏트 서울에서 열린 이 이벤트에서 한국 전통주를 소개할 기회를 얻었다.

한국의 여름철 보양 음식을 주제로 전재호 한식 마스터 셰프가 준비한 중복中伏 음식과 전통주를 선보이는 자리였다. 이날 메인 요리로는 흑마늘을 넣은 삼계탕과 장어구이가 준비되었는데 여기에 약주 천비향을 곁들여 냈다. 대부분 삼계탕이라 하면 그에 어울리는 술로 인삼주를 먼저 떠올리니 그 틀을 깨보고 싶었다. 게다가 삼계탕의 국물에도 제법 단맛이 나고 인삼과 마늘도 들어가니, 견과류나 뿌리채소와 같은 천비향의 은근한 숙성향과 과히 달지 않은 감미라면 어느 한쪽이 맛에 눌리거나 방해받지 않으리란 생각이 들었다. 오랜만에 전통주 소믈리에의 본분으로 돌아가 음식이 제공될 때마다 테이블을 돌며 직접 술을 서비스하고 설명하면서 고객의 반응을 즉각적으로 들을 수 있었고, 원래 한 잔씩 제공되는 코스이지만 술맛이 좋다며 여러 차례 청하는 고객의 요청에도 호텔 측에서 아낌없이 술을 내준 덕분에 여러모로 마음이 흡족한 행사였다.

천비향은 오양주 기법으로 만든다. 오양주는 덧술의 횟수를 늘려 다섯 번에 걸쳐 술을 빚는 방법이다. 알코올을 만들어 내는 효모의 개체 수를 늘려 안정적인 발효를 돕는 밑술을 먼저 만들고, 거기에 네 차례에 걸쳐 고두밥을 나누어 넣어 덧술을 한다. 한 번에 술을 빚지 않고 여러 날로 나누어 재료를 가공하고, 다시 혼합하는 과정을 거쳐야 하니 손이 많이 가는 방법이라 할 수 있다. 3개월의 발효 과정이 끝나면 술을 걸러 숙성고에 넣어두고 앙금이 가라앉을 때를 기다린다. 맑은 술이 위로 뜨면 이것을 재차 여과한다. 술 익는 시간이 3개월, 천비향의 술맛을 내기 위해 숙성하는 시간이 9개월이니 꼬박 일 년이 걸려야 술을 낼 수 있다.

쌀과 전통 누룩만을 사용해 만들었지만 그 맛은 자못 오묘하다. 단맛은 세월에 익어 뭉근해지고 향도 원숙해져서 꽃 향과 과실 향 뒤에 견과류의 향이 쏘옥 올라온다. 한국 약주의 향도 와인과 비슷하다. 금방 걸러낸 술에는 과실 향이 풍부하지만 시간을 보태면 곱단했던 술이 사뭇 진지한 풍미를 낸다.

대전의 행사장에서 처음 만난 (주)좋은술의 이석준 (전)대표는 부스를 찾는 사람들마다 술 시음을 권하고, 부스를 찾는 사람이 없을 때면 "천비향입니다. 맛보고 가세요. 진짜 좋은 술입니다."라고 외쳤다. 나야 이런 시음행사에 익숙하고 그 재미를 즐기는 사람 중 하나지만, 은행에서 심사부장의 업무를 담당하던 사람으로서는 그리 쉽지만은 않았을 일이다. 오랜 날의 고충과 노력이 요즘 들어 결실을 보는 듯하여 내심 반가운 마음이 든다.

술 이름 '천비향千飛香'은 천리를 나는 향이라는 뜻이다. 한국 약주의 위상을 널리 알리겠다는 포부이자 천리에 번지는 향 좋은 술을 만들어 내겠다는 의지다. 이 바람은 뜻을 이루어 2018년도에는 대한민국 우리술 품평회 약주 · 청주 부문에서 대상을 거머쥐었다. 천리를 갈 준비를 하며 느리게 피어난 천비향의 향기가, 지치지 않고 오래 버텨내 천년의 세월 동안 피어나기를 기원한다.

제품명 천비향
생산자 농업회사법인 (주)좋은술 이예령 대표
생산지 경기도 평택시 오성면 숙성뜰길 108
연락처 031-681-8929
원재료 평택 쌀, 정제수, 우리밀 누룩
식품유형 약주

알코올 도수 16도
경력사항
| 2018 대한민국 우리술 품평회 약·청주 부문 대상
| 농림축산식품부 선정 〈찾아가는 양조장〉

천비향은 오양주 기법으로 빚어 발효와 숙성에 일 년의 시간을 들여 빚는 술이다. 곱단한 과실 향과 후미의 견과류 향이 매력적이며 세계적인 와인전문가들에게 호평을 받은 술이다.
최근 술맛에 약간의 변화가 있었던 것으로 보이는데 과거의 묵직함은 다소 줄고 산뜻한 산미가 더해졌다. 천비향 역시 발효와 숙성에 일 년 가까운 시간을 채워 시장에 내는 제품이다. 한산소곡주나 경주 교동법주처럼 여러 날 숙성을 거친 술들과 색과 맛, 향을 비교하며 맛보는 것도 술 공부의 재미이다.

옛 술맛 내는 작은 양조장

풍정사계 춘

이 물로 술 빚으면
술맛도 붉을까

이 물로 술 빚으면 술맛도 붉을까

신우물가 붉은 단풍 두레박에 톡.

이 물로 술 빚으면 술맛도 붉을까.

달빛 담긴 물 한 동이 이고 가는 아낙 마음

신나무 옹이 같은 그리움이 툭.

_전통주 읽어 주는 여자의 상상 속 이야기

풍정楓井은 단풍마을 우물이란 뜻이다. 이제는 한자 이름을 따 풍정이라 불리지만 예전에는 단풍나무의 우리말인 '신나무'가 있는 우물이라 하여 오래도록 신우물 마을이라 불렸다 한다. 단풍 곱게 물든 우물가는 얼마나 아름다웠을까? 태어나서 이 동네를 오래 떠나본 적 없는 이한상 대표가 자신이 빚은 술에 마을 이름 '풍정'을 붙이고, 춘하추동 사계절을 담아낸 것은 한편 당연해 보인다. 어린 날의 추억은 그림자가 길어서 봄 산의 진달래, 여름날 정자나무, 단풍 물든 가을 저녁, 겨울 굴뚝 하얀 연기는 오래도록 기억에 남아 그의 심장을 방망이질 쳤을 테니.

술 빚는 할머니 곁에서 한 줌씩 고두밥을 집어먹던 소년이 이제는 할머니가 하늘에서도 자랑스러워할 술을 빚는다. 그냥 술이 아니라, 궁중이나 세도 높은 양반 댁에서나 만들어 귀하게 썼다던 향온곡香醞麯을 만들어 빚는다. 안정적인 누룩 개발에 고심한 날이 여러 날이었는데 고생이 헛되지 않아 2016년 농림축산식품부가 주최한 대한민국 우리술 품평회 증류주 부문에서 증류식 소주 풍정사계 동冬으로 최우수상을 받았다. 약주인 풍정사계 춘春은 2017년 한미 정상회담 만찬주로 선정된 뒤 '트럼프 술'이라는 별명이 붙으며 품절 사태를 불러왔고, 같은 해 2017년 대한민국 우리술 품평회 약·청주 부문에서 대상을 거머쥔 것에 이어 2019년 필리프 벨기에 국왕의 한국 방문에서도 만찬주로 선정되었다.

2015년, 내가 경험한 전통주 시장의 수면 아래는 분주했다. 특급 호텔 레스토랑과 여러 외식업체에서 전통주를 알리고 판매하려는 움직임이 있었고, 젊은 청년들의 전통주에 대한 관심이 높아져 동아리가 여럿 만들어지기도 했으며, 미디어 매체의 관심 역시 어느 때보다 높았다. 무엇보다 국가 주요 행사의 만찬 석상에 전통주를 올리기 위한 노력들이 활발한 시점이기도 했다. 당시에는 취재와 자료를 요청하는 미디어 매체, 외식업체들의 자문 요청, 부처와 기관 담당자들의 질의가 하루에 몇 건씩 이어졌는데, 같은 술이라도 여러 변수와 상황을 고려해 응대해야 하니, 메뉴 구성과 추천 사유, 한 줄 평 작성이 새벽까지의 일과가 되어 마치 시 구절 하나를 갈구하는 시인의 마음처럼 절박한 심정으로 한 해를 보냈다. 그 한 축에 풍정사계도 있었다.

전통주 시장의 후발 주자인 (주)화양 양조장이 빠른 보폭으로 달릴 수 있었던 데는 향온곡이 한몫을 했다. 전통주를 소개할 때마다 "한국에 이렇게 다양한 술들이 있었어요?" 하며 놀라워하는 사람들이 많지만 그 술들로 한 순배를 돌다보면 어느새 밑천이 똑 떨어져서 새로운 술을 갈구하게 되는데 밀누룩을 주로 쓰는 다른 양조장의 약주와 달리 향온곡으로 만든 풍정사계는 희귀성도 있어 상품의 독특함을 설명하는 데에 큰 장점이 되었다. 술맛이 그 힘을 받쳐준 것은 너무도 당연한 일이다.

풍정사계에 쓰이는 향온곡은 거피한 녹두를 물에 불렸다가 갈아 그 즙을 걸러내서 반쯤 타갠 밀에 물 대신 섞어 반죽한 뒤 누룩 틀에 단단히 밟아 따뜻한 곳에서 띄워 만든다. 녹두를 거피해서 불려 갈고 즙을 만들어 써야 하니 품이 많이 든다. 게다가 녹두는 참 비싸다.

왜 조상님들은 녹두물을 썼을까? 의문이 들어 여러 날을 찾아봤는데 녹두가 가지는 해독 기능과 숙취 해소에 대한 답은 몇 곳에서 들었지만 마음에 꼭 차는 답을 얻지는 못했다. 향온곡의 제법은 '내국향온국법'이라는 이름으로 조선 명조 대의 어숙권이 지은 『고사촬요』(1554)에 전해진다. 『고사촬요』의 향온곡에는 보리와 녹두가 쓰였지만 그 이후의 문헌에는 보리와 밀이 각각 쓰이기도 하고 혼합하여 쓰이기도 한다. 내국內局은 궁궐에서 약재와 의술을 관리하던 곳이므로 향온곡은 궁궐에서 사용하던 누룩으로 볼 수 있다.

이한상 대표의 풍정사계 춘은 백설기로 밑술을 한다. 간혹 물에 잘 풀어지지 않고 엉긴 백설기는 일일이 손으로 풀어주어야 한다. 이것에 법제해 둔 향온곡을 섞어 밑술을 만들고 밑술이 잘 완성되면 다시 고두밥으로 덧술을 하는데 이 모든 과정이 수작업으로 이루어지고 작은 옹기를 써서 발효하기에 생산하는 양이 많지 않다. 굳이 손 많이 가는 백설기로 술을 하는 이유를 물었더니 백설기로 밑술을 하면 깔끔하게 떨어지는 맛을 낸다고 하는 이한상 대표의 설명이다. 풍정사계 춘의 술맛은 무게감이 있다. "어떤 술맛을 추구하세요?" 나의 질문에 '너무 달지도 산미가 도드라지지도 않은 술맛. 조화로운 술의 맛과 향이 큰 간극 없이 이어지도록 애쓴다.'는 답을 주신다.

풍정사계 춘이 만들어지는 화양 양조장은 아주 작은 양조장이다. 언젠가 한국을 방문한 세계적으로 유명한 와인 교육기관의 관계자에게 전통주를 소개할 기회가 있는데 사케와는 다른 한국의 술맛과 독창성에 감탄을 한 그였다. 하지만 한국의 몇 양조장을 방문한 후의 소감에는 아쉬움이 묻어 있었다. 당연한 일이다. 일찍이 상업 양조의 길을 택한 일본의 양조장은 삼백 년 이상의 전통을 자랑하는 곳도 많아 작고 오래된 양조장은 그 자체가 민속 박물관 같은 느낌을 준다. 또한 현대적 양조 설비를 갖춘 양조장의 경우는 자체 박물관을 만들어 그들의 역사성을 자랑하기도 하고 자신들의 제품과 관련된 상품을 파는 상점과 함께 술에 맞는 메뉴를 구성하여 식당을 운영하기도 한다. 이런 일본의 양조장을 방문하고 돌아온 그의 눈에 가양주 형태를 띤 신흥 양조장의 소박하고 작은 규모와 대형설비를 갖춘 현대적인 한국의 양조장이 매력적으로 보이기는 어려웠을 것이다.

한국 전통주의 대중화와 세계화를 이야기할 때면 양조 기술과 살균에 관한 것을 자주 언급하지만 사실 열처리나 미세 여과를 거치면 지금의 한국 약주의 복합적인 맛과 향을 그대로 살리기에 어렵다는 우려가 있어 전통 약주 양조장들은 잘 시행하지 않는다. 그러나 살균하지 않은 술을 세계 시장에 내는 것은 여간 어려운 일이 아니기에 한국의 전통주를 가장 한국스럽게 알리는 방법은 어떠해야 하며 어떤 길이 있을까 하는 고민이 끝없이 이어진다.

집집마다 술을 빚는 가양주 형태의 한국 전통주는 고문헌에 기록이 된 것만 봐도 그 수가 400여 가지가 넘는다. 계절마다 나는 꽃이나 과실, 약재를 더해 술을 빚는 것이 너무도 독창적인 데다 현대의 양조 기술과도 맥이 통하는 지혜도 놀라워 고문헌을 들춰볼 때마다 신비감과 운치에 매료된다. 꼭 제품화된 술을 알리는 것만이 한국 전통주의 세계화일까? 이 문화적인 아름다움을 전할 길은 없을까? 이렇게 다양한 술 빚는 방법을 기록으로 가지고 있는 데다 그 술 빚는 방법을 배우고자 하는 사람들이 현대에도 이렇게 많은 나라는 전 세계를 둘러봐도 단연 독보적이고 이례적이지 않을까 싶다. 한국 전통주 질곡의 역사는 현재에 이르러 마치 민속 박물관에 있어야 할 듯한 전통주의 과거를 현대로 불러내 새로운 트렌드로 만들었다. 이것은 이 모습대로 좀 즐겨도 좋지 않을까?

2013년, 일본 간사히 지역으로 배낭을 메고 혼자 떠난 보름간의 양조장 투어는 우리의 전통주와 양조 산업에 대해 많은 생각을 하게 만들었다. 고베 인근의 나다 지역과 월계관으로 유명한 교토의 후시미 지역은 오래되고, 새로 만들어지고, 작고, 크기도 한 양조장들이 모여 술 길을 이루고 있다. 그저 양조장들만 모여 있다면 양조장 단지 정도로 부를 만하겠지만 여기에 박물관, 음식점, 술을 파는 상점, 기념품점들이 모여 있어 걸어서도 충분히 즐길 만하고 재미를 주는 문화가 더해진, 일본 정취가 물씬 나는 술 길이 만들어졌다. 평소에도 많은 관광객들이 방문하지만 겨우내 익은 새 술을 선보이는 2월의 신주新酒 행사에는 일본 전 지역에서 관광버스를 타고 온 다양한 연령대의 사람들로 북새통을 이룬다.

전통주의 현실에 대한 안타까움에 상상은 자꾸만 더해져서 삼해주 빚는 술도가가 100여 곳에 이르렀다는 마포의 어느 골목도 좋고, 약재상이 모여 있는 특색 있는 길도 좋고, 또는 이젠 사람 발길이 좀 뜸해진 어느 곳이더라도 접근이 용이한 곳에 술 거리든 복합건물이든 뭐라도 하나 생겼으면 좋겠다는 바람으로 이어진다. 우리 술을 연구하고 생산하고자 하는 청년들도 늘어만 가는데 작은 양조장들과 주류 판매점, 식당, 주점, 체험장, 양조 연구소, 홍보 지원센터가 모여 있는 공유와 연대의 공간이자 소비자와 국내외 관광객이 쉽게 방문할 수 있는 술 거리가 생긴다면 한국 전통주가 그 멋을 제대로 뽐낼 수 있을 텐데……. 꼭 전통주만을 고집할 필요도 없다. 맥주도 좋고 와인도 좋다. 이제는 소규모 주류 제조 면허도 만들어져서 작은 떡집 정도의 규모로도 양조장 시설을 갖출 수 있는데 이왕이면 함께 쓸 것은 함께 쓰고 고충은 나누면서 몇백 년을 이어온 한국의 가양주家釀酒, 독특한 한국의 홈브루잉Home Brewing문화를 세상에 끄집어내 한바탕 놀 수 있으면 좋으련만.

술 빚는 일은 참 오묘하다. 술독에서 술이 익을 때면 마치 독 안에서 연주회라도 펼쳐지는 듯하다. 처마 밑의 낙수처럼 통통거리기도 하고, 기타 소리처럼 울리기도 하고 피아노 소리처럼 청아하기도 하다. 부글거리는 소리가 끝없이 이어질 때면 마치 아스팔트 바닥을 치는 빗소리처럼도 들린다. 이 매력에 빠지면 술 길에서 헤어나오지를 못한다.

이한상 대표도 풍정사계가 2017년 한미 정상회담의 만찬주로 선정되기 전까지 모진 시간을 보냈다. 술 빚기에 매료되어 운영하던 사진관을 접고 양조장 면허를 낸 것이 2010년의 일이지만 거듭되는 술 실패로 2012년 양조장 면허를 반납하고 말았다. 내 술의 누룩은 내가 빚어야 한다는 소망으로 2006년부터 술 연구에 매진하며 향온곡을 빚어 왔지만 누룩의 미생물은 사람 마음의 간절함을 쉽게 헤아려주지 않는다. 부부가 마주 앉아 고민을 나누던 차에 이한상 대표의 부인이 "딱 한 번만 더 해보세요." 독려를 해주었단다. 이번에는 나도 힘을 보태겠다는 약속과 함께. 풍정사계 춘을 개발하기 위해 매달린 것도 여러 날, 약주는 그 술 빛만큼이나 투명하고 정직해 속일 수가 없는 술이기에 약주를 공들여 완성하고 나면 탁주도 과하주도 소주도 성공하리라는 마음이었단다. 고생 끝에 낙이 온다고 하기엔 그간 어려움에 비해 경제적 보상이 크지는 않은 듯하여 마음 쓰이는 술 중에 하나인 풍정사계인데, 그래도 이 화답이 응원이 되어 전통을 이어가는 작은 양조장들에 위로가 되기를 바라본다.

제품명 풍정사계 춘春
생산자 농업회사법인 (유)화양 이한상 대표
생산지 충청북도 청주시 청원구 내수읍 풍정1길 8-2
연락처 043-214-9424
원재료 멥쌀, 찹쌀, 전통 누룩, 정제수
식품유형 약주

알코올 도수 15도
경력사항
| 2017 대한민국 우리 술품평회 약·청주 부문 대상
| 2017 한·미 정상회담 만찬주
| 2019 한·벨기에 정상회담 만찬주

풍정사계 춘春은 밀에 녹두물을 넣어 반죽한 향온곡을 사용한다. 2017년 우리술 품평회 약주 부문에서 대상을 받았고 2017년 미국 트럼프 대통령 방한 당시 만찬주로 소개되어 선풍적인 인기를 얻었다. 풍정사계는 초반의 연한 과실향과 함께 뒤에는 담담한 메밀 향, 말린 곡물의 향 등 독특한 향미가 감돈다.

약주를 말하다

실록 속 맑은 술 이야기

한국의 약주를 이야기하자면 간혹 답답함과 안타까움이 밀려올 때가 있다. 이는 무엇이라 확실히 정의하기 아쉬운 술의 분류와 용어 때문이기도 하다.

차례상이나 제사에 사용되던 술인 '정종正宗'의 명칭이 사실 일본 청주의 상품명이라는 것은 여러 홍보를 통해 많이 알려졌지만, 여전히 한국 전통의 맑은 술을 '청주淸酒'로 불러야 할지 혹은 '약주藥酒'로 불러야 할지 그 용어의 사용에 있어서는 이견이 있다. 주세법이 시행된 지 110년이 지난 지금, 한국의 맑은 술은 과연 어떤 이름으로 불리어야 할까. 조선의 500년 역사를 기록한 『조선왕조실록』 속 '맑은 술'의 변천을 살펴보았다.

『조선왕조실록』에 짧게 등장했다 사라지는 법주

송나라 사신 서긍이 편찬한 『고려도경高麗圖經』(1123) 「와준瓦尊」 편에는 왕이 마시는 것을 양온良醞이라 하며 좌고左庫°에는 청주淸酒와 법주法酒, 두 종류 술이 있다고 기록하고 있다.

또한 조선 건국 초기인 태조 4년(1395년) 4월의 『태조실록』 기록을 살펴보면 헌사憲司에서 당시 조선 사회 상류층의 과소비를 왕에게 알리며 금주령을 시행할 것을 상소했다는 내용이 남아있다.

> "궐내에서 만드는 법法대로의 술酒이 아니고 과자菓子도 진기한 것이 아니면 쓰지 않고 그릇이 상에 차지 않으면 감히 청하지를 않으니 이를 어찌 재물 쓰임의 헛됨이라고만 하겠습니까?"°°

『태조실록』의 기록으로 본다면, 조선 개국초기에 이미 과거 궁중의 법法대로 빚어지던 술이 사가에 전파되고 이미 보편화된 것으로 보여 진다. 조선 초기 궁중에서는 법주 대신 약주라는 말이 사용되고 있으며 법주는 종묘제례와 의례의 술로 『세종실록』에 몇 차례 기록된 후 더 이상 『조선왕조실록』에서 보이지 않는다.°°°

° 고려 시대 궁중의 주류를 관리하던 관청 양온서良醞署에는 좌고左庫와 우고右庫가 있었는데, 이중 왕이 마시는 술은 좌고에서 보관하였다고 한다.

°° 酒非內法 菓非珍異 器皿非滿案 不敢請焉 此豈特爲費財

°°° 『승정원일기』에는 고종 때까지 법주라는 말이 드물게 사용된다.

다양한 의미의 표현, 약주

태종 6년(1406)의 일이다. 태종이 수랏상의 가짓수를 줄이고 약주藥酒 마시기를 중지하고 죄인을 용서하였는데, 이는 오랜 가뭄 때문이었다. 태종이 좌우 신하들에게, "하늘이 비를 주지 않는 것은 오직 나의 어리석음 때문이다."라며 눈물을 흘리니 신하들이 어쩔 줄 몰라 하며 감동한다.

『태종실록』에는 병이 있는 신하에게 약주를 마실 것을 명하거나, 상을 당해 곡기를 끊고 있는 신하에게도 약주로 약을 삼을 것을 권하는 기록이 몇몇 등장한다. 임금이 임정에게 이르기를 "본시 경에게 병이 있으니, 지금 외방에서는 술을 금지하고 있지만 마땅히 약으로 쓰라." 명하기도 하고 숙직入直하는 신하들이 습기가 많은 곳에서 잠을 자는 것을 염려해 약주를 내리기도 한다.

다음과 같은 기록도 있다. 태종이 '소주와 약주를 제禔에게 보냈다.'는 기록인데 제는 태종의 장남 양녕대군의 이름이다. 이때는 소주라는 말이 같이 등장하니 여기서의 약주는 발효하여 맑게 거른 술로 보아도 무방할 듯하다.

『조선왕조실록』에 약주라는 용어가 처음 등장하는 시기는 태종 5년(1405)인데 선조 34년(1601)까지 50여 회 언급된 뒤 『조선왕조실록』에서 사라진다. 200년 가까운 세월 동안 약주는 궁중의 술, 금주령 중이기는 하나 약으로 쓰라는 면책의 의미를 담은 술, 그리고 맑은 술의 의미로 쓰였다.

내자의 문서에서 삭제된 향온

"향온香醞과 법온法醞을 버리지 않는다면 후대에 이 술을 다시 찾게 되리니. 내자의 문서에 이 두 술을 삭제하라."•

_『영조실록』 중에서

향온香醞은 세종 9년(1427)부터 실록에 등장하여 정조 16년(1792)까지 365년 가까이 언급된다. 재위 내내 술에 대해 엄격하였던 영조가 후대도 이 술이 쓰일까 두렵다 하여 향온과 법온이라는 용어 자체를 문서에서 삭제하라는 명을 내린 후 『정조실록』에서 더 이상 보이지 않는다. 기록 속의 향온은 대개 약주와 같은 의미로 사용된다.

조선 시대 사가와 궁궐에서 맑은 술의 의미로 쓰인 청주

『고려도경』에 법주와 함께 궁중에서 쓰인 술로 기록된 청주는 『조선왕조실록』에 100여 회(108회 추정)가 넘게 등장을 한다. 그 처음은 태종 7년(1407)이고 마지막은 순종 18년(1925)이니 518년 동안 『조선왕조실록』에 기록되어온 것이다. 압도적으로 많은 청주에 대한 기록 중에 『세종실록』 속 의례에 사용된 청주에 대한 기록이 49건가량 되니 이를 제

• 國家所用 曰香醞曰法醞而已 百花酒 比方文酒尤不可矣 夏禹之只疏儀狄而不能去酒 心嘗慨然 國家興亡 專係於此 今若不祛此名目 則安知後來不按此名而索此酒乎 內資文書中 此二酒去之

외하면 청주와 약주는 비슷한 빈도수로 언급된다.

실록 속에서 청주는 어떤 의미로 쓰였을까?

'평민의 집은 수색과 체포가 쉽지만 조관들은 집을 강고히 지켜서 법을 집행하는 관리도 함부로 들어 갈 수가 없다.'는 신하의 말에 세종은 이렇게 말한다. "나 역시 탁한 술濁酒을 마신 자는 매번 잡히고, 맑은 술淸酒을 마신 자는 무사하다는 걸 알고 있었다." 이는 세종 7년 금주령 시기 『세종실록』의 기록이다. 여기서의 청주는 고민할 여지없이 탁주와 대별되는 맑은 술로서의 청주이다.

세종 6년(1424) 『세종실록』 26권에는 '감사가 청주 천 병과 탁주 백 동이를 바쳐, 수행한 신료臣僚들에게 하사하였는데 신분이 낮은 자에게까지 나눠졌다.'는 기록이 보인다.• 여기에서 청주는 세종대왕이 사냥을 나갔을 때 평안감사가 올린 물품이다. 즉, 궁궐 밖에서 빚은 사가의 맑은 술이다.

고려 시대 궁중에서 사용되어 온 맑은 술 청주는 조선 시대에 들어서도 궁중 의례에 사용된 술로 기록되어 있지만 일상에 있어서는 그 위상에 차이가 있어 보이는데, 궁중의 약주와 향온과는 그 쓰임새가 달랐음은 분명하다. 약주와 향온이라는 용어가 『조선왕조실록』의 기록에서 사라진 이후에 청주는 궁궐과 사가의 구분 없이 맑은 술의 의미로 기록되어 진다.

• 監司進淸酒一千甁 濁酒一百盆 分賜于隨駕臣僚 以逮賤者

청주가 약주라는 말로 쓰이게 된 두 가지 사연

조선 시대에 두루 쓰이던 청주라는 용어가 민가에서 약주로 불리게 된 까닭에 대해서는 두 가지 이야기가 널리 알려져 있다. 하나는 『조선왕조실록』에도 자주 등장하는 금주령에 관한 이야기이다. 당시 조선에는 가뭄 등을 이유로 금주령이 자주 내려졌는데, 술을 마시다 단속에 걸리면 술이 아니라 약 대신 썼다는 말로 엄한 징벌을 피해 나갔다. 즉, '술이 아니라 약으로 마신 술'이라 하여 약주라 불리게 되었다는 설이다.

『태종실록』과 『세종실록』에는 금주령이 내려진 시기에 병중인 신하에게 약으로 술을 쓰라는 명을 내리기도 하고 직접 약주를 하사하기도 했으니 조선 초기 당시로서는 금주령에도 관대함이 있었던 모양이다. 조선 중기에는 금주령에 더욱 단호해져 '약으로 조금 썼다.'거나 '회음이나 연회가 아닌 주인과 딱 한잔 마셨을 뿐.'이라는 변명을 두고 봐주라는 임금과 단호히 처벌해야 한다는 신하의 의견이 엇갈리기도 한다.

청주가 약주로 불리게 된 또 다른 사연은 조선 중엽 한양의 약현 마을(지금의 중림동)에 살았던 서성(1588~1631)의 이야기가 있다. 남편을 일찍 여의고 홀로 아들을 키우던 서성의 어머니는 술과 유밀과를 내다 팔아 생계를 꾸려갔다. 이후 과거에 급제를 하여 병조판서의 지위까지 오른 서성의 명성과 어머니의 음식 솜씨가 더해져 이들이 살던 약현藥峴 마을의 이름을 따 유밀과는 유과藥果로 술은 약주藥酒로 불리게 되었다는 이야기이다. 그러나 『고사십이집』(1787)의 기록은 이와 다르다. '卽徐忠肅公渻所造 公家于藥峴 故名藥山春' 즉, 술을 만든 이는 충숙

공 서성이며 그가 살았던 약현 마을의 이름을 따 그 술이 약산춘藥山春이라 불리었다 적혀있다. 익히 알려진 서성의 어머니와 약주 이야기는 일본인이 조사한 한국 술의 기록인 『조선주조사』(1935)에서 찾을 수 있다.

『조선왕조실록』에서 약주의 기록이 사라지는 시기(1601)와 금주령의 기록들로 유추한다면 당시 민가에서 약주라는 말이 보편적으로 쓰이게 되면서 궁중에서 이 용어가 권위를 잃게 된 것은 아닐까 하는 짐작이다.

약주와 청주를 나눈 법령은 1909년 시행된 주세법

'청주清酒'는 조선뿐 아니라 중국, 일본에서도 혼탁한 탁주에 대별되는 용어로 사용되어 왔다. 혼용되어 사용되었을 것으로 보이는 약주와 청주의 의미가 나누어진 것은 1909년 일본에 의해 제정된 주세법 이후이다. 당시 일본식 맑은 술은 '청주', 한국식 맑은 술은 '약주'로 구별하여 법률 명칭이 정해졌다.

주세법 상 청주와 약주의 정의는 아래와 같다.

청주는 쌀과 찹쌀을 원료로 하고 국麴, 물을 첨가하여 발효시킨 술이다. 국이라 하면 누룩, 쌀입국, 정제효소제, 조효소제 등을 쓸 수 있다. 다만 누룩을 사용할 경우 1% 미만으로 사용하도록 하여 약주와 구분을 하였다. 청주에는 주정을 비롯하여 향료, 색소, 조미료 등 다양한 재료를 첨가할 수 있다.

약주는 곡류나 전분 원료에 국, 물을 첨가하여 발효시킨 술이다. 곡류나 전분 외에 당분을 50% 이하로 사용할 수 있고, 그 외에도 과실이나 채소류를 20% 이하로 사용할 수 있다. 다만, 당분과 과실, 채소류를 합하여 50% 이상 사용할 수 없다. 국으로는 누룩, 입국, 정제효소제 등을 사용할 수 있지만, 쌀과 찹쌀만 사용할 경우에는 누룩을 1% 이상 사용하여야 한다. 향료와 색소를 첨가할 수 없으며 주정과 소주를 첨가할 경우 전체 알코올 함량 대비 20% 이하만 사용할 수 있다.

주세법상 청주와 약주의 식품규격으로 본다면 쌀과 전통누룩으로 빚어 맑게 거른 술은 약주가 되니 청주라는 명칭은 상표에 사용할 수 없고, 쌀에 다른 곡물이나 부재료를 조금만 넣어주면 쌀 입국(코지)을 써서 술을 빚어도 청주가 아닌 약주가 된다.

이제는 이 두 용어의 정의를 다시 돌아볼 만큼 전통주 시장도 무르익었다. 전통의 맑은 술을 약주로 부르고자 한다면 교육과 홍보활동을 통해 약주의 뜻을 소비자에게 정확히 알리고 동시에 포괄적인 주세법상 약주의 식품규격으로부터 전통 방식의 약주를 구분해 줄 상표표시제 등의 분류체계를 마련해야 한다. 청주로 부르고자 한다면 현 주세법상의 기존 청주를 대체할 용어와 주세법의 개정이 필요할 것이다.

내게 있어 이 두 술은 오랜 양조 역사 속 얽히고설킨 칡넝쿨만 같아서 분별하려 할수록 더 꼬여만 간다. 전통주 소믈리에라는 나의 역할은 명칭으로 인한 혼선을 방지하고 상표에 표시된 구분에 의해 술을 설명하는 것이기에 한국의 맑은 술을 가리키는 명칭으로 약주라는 용어를 사용하고 있다. 하지만 대부분의 소비자는 약주를 약재 등을 넣어 만든 술, 청주는 발효하여 거른 맑은 술로 이해하고 있는 것이 사실이다.

주당의 질문

약주 편

전통 약주藥酒는 어떻게 만드나요?

막걸리(탁주)를 흔들지 않고 가만히 두면 그 위로 맑은 술이 뜨는 것을 보셨을 거예요. 곡물을 원료로 하여 발효시킨 술덧을 체나 천주머니로 거칠게 걸러내면 탁주이고, 술독에 용수를 박아 맑은 술을 떠내거나 탁주의 지게미를 가라앉혀 맑게 만든 술이 약주예요. 약주라고 하면 약재가 들어간 술이라 생각할 수 있으나 부재료를 넣지 않고 쌀 등의 곡물로 빚은 술도 약주라고 부릅니다. 대부분의 약주는 탁주를 목적으로 만든 술에 비해 몇 단계의 공정을 더 거쳐 만드는 경우가 많습니다.

약주는 만드는 방법이 다양하지만 그중 '석탄주惜呑酒' 만드는 방법을 소개합니다.

술독에서 익은 약주를 떠내는 모습

준비물

멥쌀 0.5kg, 찹쌀 2kg, 누룩 250g, 물 2.5L

방법

① 불린 멥쌀을 갈아 쌀가루를 만듭니다.

② 쌀가루를 물에 풀어 죽을 쑤고 식혀둡니다.

③ 식힌 죽에 누룩을 섞고 약 이틀간 발효하여 밑술을 만듭니다.

④ 찹쌀을 잘 씻어 불린 뒤 고두밥을 찌고 골고루 펼쳐 식혀 둡니다.

⑤ 발효시킨 밑술과 고두밥을 섞어 발효통에서 발효를 합니다.

⑥ 약 3주 정도면 술이 익습니다. 술이 익으면 고운체나 무명포로 걸러줍니다.

⑦ 탁한 술의 앙금이 가라앉으면 맑은 술만 병에 옮깁니다.

석탄주란 술맛이 달고 그 맛과 향이 좋아 삼키기 아깝다는 의미가 담긴 술로, 여러 고문헌에 그 이름과 제법이 전해지고 있어요. 죽이나 범벅으로 밑술을 만들고 찹쌀 고두밥으로 덧술을 하는 이양주 형태의 술입니다.

이양주二釀酒, 삼양주三釀酒, 사양주四釀酒, 오양주五釀酒는 무슨 뜻인가요?

한국 전통 약주를 설명할 때, "이 술은 이양주입니다." "삼양주입니다." 라는 말을 듣게 됩니다. 이것은 전통술을 빚는 방법 중 중양법重釀法을 말하는 것인데요. 밑술에 덧술을 하여 술을 빚는 방법입니다. 밑술에 한 번 덧술을 하면 이양주, 두 번 덧술을 하면 삼양주, 세 번 덧술을 하면 사양주가 되는 것이지요. 기록에 따르면 궁중에서는 열한 번 덧술을 하여 십이양주를 빚었다고도 하나, 안타깝게도 그 제조방법은 전해지지 않고 있습니다.

밑술은 죽이나 떡, 밥 등에 누룩을 섞어 발효하여 누룩 안의 효모를 증식시키는 방법이고 덧술은 밑술에 고두밥이나 떡, 밥 등을 더해 주어 본격적으로 술을 빚는 과정인데요. 밑술과 덧술에 사용되는 원료를 어떤 방법으로 가공하는가, 몇 번 덧술을 하느냐에 따라 술맛에 차이가 있습니다.

흔히 덧술을 많이 하면 좋은 술이라고 생각할 수 있지만 반드시 그렇지는 않고, 양조자가 원하는 술맛을 내기 위한 선택입니다. 다만 덧술을 여러 차례 할수록 시간과 힘이 많이 들어가므로 귀하게 대접을 받는다는 측면은 있습니다.

막 잔、

탁주 이야기

액체로 된 시인의 밥

탁하게 걸러 탁주濁酒라고도 부르고
방금 걸러 신선한 술이기에 막걸리라고도 부릅니다.

아주아주 옛스럽게

만강에 비친 달

울렁이는 달빛,
만강에 비치네

울렁이는 달빛,
만강에 비치네

술 빚는 것은 고된 노동이다.

만든 술을 파는 것은 더 지독한 마음의 노동이다.

술을 세상에 내놓던 날도 노란 달은 떴을 것이고,

그 달을 바라보며 한 번쯤은 더 많은 사람들의 술잔에

노란 달이 출렁거렸으면 하는 바람도 빌었을 것이다.

_전통주 읽어주는 여자의 상상 속 이야기

조심스럽게 첫 잔을 받아든다. 곱단한 노란빛이 곱다. 잠시 향내를 맡으며 놀고 나서 술맛을 본다. 만강에 비친 달은 그렇다. 단숨에 넘기기엔 뭔가 조심스럽고, 한 모금씩 아끼며 마시기엔 목젖이 기다려주질 않는다. 한 독씩 술을 빚어낸 고됨을 알기에 한참을 아끼다가 종국에 한 잔을 쫙 들이켜고 나면 넘치는 생각을 놓아두고 맛있게 즐겨주는 것이 술 만드는 사람에 대한 예의이지 싶어진다.

달빛은 모든 강에 평등하게 비친다. 예쁘다고 스포트라이트를 비춰주는 것도 아니고 밉상이라고 달빛을 감추지도 않는다. 만 개의 강에 비치는 달빛처럼 모두에게 평등하고 자비로운 평안을 주는 술이 되기를 바라는 마음을 술독에 담아 빚었다 한다. 사법고시를 준비하는 사람이라면 누구나 한 번은 읽었다는 헌법 교재의 저자이자 서울대 출신의 변호사, 헌법 스타강사로 명성을 누리던 정회철 대표가 출판일을 해오던 문학 박사 부인과 함께 건강상의 이유로 도시 생활을 정리하고 홍천 산속의 오랜 한옥에 둥지를 틀던 날, 적막 속에 기울이던 부부의 술잔에도 노란 달은 떴을 것이다. 나 역시 가끔은 사람의 숲속을 떠나 술독 속의 음악 소리를 들으며 조용한 둥지 하나 틀고 살았으면 좋겠다는 상상을 하기도 하지만, 이 부부의 결단은 내가 가늠할 수 없는 경지의 것이라 그저 고개만 꾸벅꾸벅할 뿐이다.

'만강에 비친 달'의 노란빛은 홍천의 지역 특산물인 단호박에서 나온다. 단호박을 조금 더 넣으면 짙은 노란 빛깔과 향으로 호박 탁주의 개성은 확실히 드러낼 수는 있겠지만 쌀 맛은 가려지고 맛과 향은 투박해졌을 것이다. 달빛처럼 은은하고 과하지 않은 맛과 향을 내려면 이 정도면 족하다 싶다. 술에 쓰는 찹쌀과 단호박은 강원도 홍천 지역의 것이다. 원료도 원료지만 양조장의 생명은 물이다. 물의 맛과 안정성만큼 중

좋은 술이 되도록 하늘의 중재를 바라는 마음이 담긴 술독

요한 것이 바로 물의 양이다. 수량이 풍부하지 않고서는 술을 빚을 수도, 양조에 필요한 기물들을 관리할 수도 없다. 다행히 만강에 비친 달을 생산하는 예술 양조장은 이 삼박자를 다 갖춘 곳에 자리를 잡았다.

예술 양조장이 새 단장을 했다는 소식을 듣고 방문을 했더니, 홍천의 명소가 될 만하게 멋진 공간으로 꾸며 놓으셨다. 양조장의 입구에는 새로 신축을 한 누룩방이 자리를 잡고 있고, 언덕 위에는 제단이 꾸며져 있다. 작은 항아리들마다 날짜가 적혀져 있는데, 술을 빚을 때마다 이 작은 단지에 나눠 담아 술 한 잔을 올리고 정성을 들인다 한다. 좋은 술을 빚겠다는 마음의 다짐이자 사람의 힘만으로 조절이 어려운 미생물과의 협력을 하늘이 잘 중재해주길 바라는 마음은 아닐까.

양조장에는 누룩방과 체험관, 숙소 동이 아기자기하게 자리를 잡았는데 그중 게스트하우스처럼 보이는 낮은 한옥 건물의 용도를 묻자 "저 쪽은 직원 숙소예요. 유부남이라서 방을 한 칸씩 주지, 부인 오면 자고 갈 수 있도록."이라는 답을 주신다. 농처럼 던지는 정회철 대표의 대답에 그간의 노고와 앞으로의 염려가 묻어난다. 좋은 술을 만들어도 판로를 찾기 어렵기도 하지만, 팔 곳이 있다 하여도 고된 전통 방식의 양조법을 따라 술을 빚을 사람을 찾기 어려운 것이 양조장의 현실이기도 하다.

술독마다 날짜와 온도를 기록하고 띠를 둘러 관리한다

예술의 모든 술은 직접 띄운 누룩을 쓴다. 반쯤 타갠 밀을 약간의 물로 반죽하여 누룩틀로 모양을 만든 뒤 누룩방에 넣어 띄운다. 습도와 온도를 꼼꼼히 조절해가며 띄운 누룩은 처마에 매달아 숙성을 하고, 술을 빚을 때는 직접 제작한 틀에 누룩을 꽂아 여러 날 법제°를 하여 쓴다.

술 만드는 것만으로도 고된 작업인데 누룩을 꼭 띄워서 쓰신다니 염려가 되면서도, 술맛의 큰 중심이 누룩이기도 하니 한편으로는 당연한 일이지 싶기도 하다. 술은 모두 항아리에서 발효되는데, 한 독마다의 술의 이력이 일지에 적혀 꼼꼼히 관리가 된다. 약 세 달에 걸쳐 저온에서 발효된 술은 걸러져 다시 숙성고로 옮겨진다. 서늘한 숙성고의 스테인리스 통에서 숙성과 안정화의 시간을 거치고 나야 병에 담는다. 그렇게 지난한 작업을 거쳐 시간을 두고 빚은 귀한 술이니 인위로 감미료를 넣었을 리 없다. 술 익는 곳의 기운만큼이나 만강에 비친 달은 정갈하다. 술에 쓸 쌀을 씻고 찌는 가공 공간을 살펴보니, 솥이니 작업대를 얼굴이 비칠 만큼 번쩍하게 닦아 놓았다.

만강에 비친 달을 생산하는 (주)예술은 농림축산식품부에서 지정하는 '찾아가는 양조장'으로도 선정이 되어 있다. 찾아가는 양조장은 지역의

° 누룩에 있어 법제法製란 누룩을 망에 넣어 처마에 걸어두거나, 적당한 크기로 부숴 3~4일 정도 햇볕과 이슬을 맞도록 해 잡균과 누룩 냄새를 제거하고 유용한 균은 활성화시키는 방법이다.

우수 양조장을 발굴하여 지속적인 품질관리와 체험 프로그램 지원 등을 통해 경쟁력을 확보하고 인근의 농촌관광과 연계하여 체험형 양조장을 육성하는 사업이다. 막 빚어낸 신선한 술을 맛보는 동시에 술이 나고 자란 곳의 정취를 즐길 수 있으니, 이 양조장들을 직접 방문해보는 것도 술을 즐기는 사람들에게 일석이조의 기회가 될 수 있을 듯하다.

예술 양조장으로 들어가는 마을 길목은 마치 신의 손길이라도 닿은 듯이 정돈된 분위기이다. 옥수수 밭과 벼 익는 들녘도 좁은 길 건너 숲의 나무들도 차분해서, 널뛰던 마음이 조용히 가라앉는다. 만든 사람의 이야기를 통해서 새 맛을 얻는 술. 공기 좋은 곳에서 술 빚기 체험도 하고, 술 익는 소리를 배경 삼아 술 만든 사람과 담소를 나누며 한 잔 두 잔 기울이다 보면 도심에서의 지친 마음에 활력이 돋을 듯도 싶다. 달빛은 어디서나 평등하기에 만강의 노란 달이 뜨는 잔마다 즐거움을 가득 담아.

제품명 만강에 비친 달
생산자 (주)예술 정회철 대표
생산지 강원도 홍천군 내촌면 동창복골길 259-5
연락처 033-435-1120
원재료 홍천 쌀, 단호박, 곡자(밀누룩)
식품유형 탁주

알코올 도수 10도
유통기한 병입일로부터 2개월
경력사항
| 농림축산식품부 선정 〈찾아가는 양조장〉

홍천의 특산물 단호박을 넣어 달과 같은 노란빛이 난다. 술맛에 개성을 부여하는 누룩 역시 직접 만들어 사용하기에 (주)예술만의 개성을 담은 술맛을 낸다. 도수가 제법 있는 탁주이니 주먹 크기만 한 하얀 도자기 잔이나 유리잔을 사용하여 빛깔과 향을 음미하며 마시는 것이 좋다. 맵고 시고 달게 만든 음식보다는 소박하게 양념한 나물이나 감자전처럼 슴슴한 음식과 함께하면 만강에 비친 달의 진미를 더 잘 느낄 수 있다.

아주아주 옛스럽게

부산 금정산성 막걸리

이것은

보통 누룩이 아니랍니다

이것은
보통 누룩이 아니랍니다

첩첩 산중의 골짜기, 무거운 돌을 지고 날라 돌성을 쌓는다. 해는 중천에 떠서 화살처럼 따가워 막걸리 한잔이면 기운이 날 터인데. 마침 아랫주막 주모 저기로 오네. 부역 나온 사내들 얼굴에 웃음이 피었다.

_전통주 읽어 주는 여자의 상상 속 이야기

아주 오래전, 삼국 시대에 축성된 것으로 추정되는 부산 금정산의 산성은 조선 시대 숙종 29년에 재건되어 모습을 다시 드러냈다. 산성을 쌓기 위해 각지에서 모인 부역꾼들의 고된 일상을 달래준 막걸리 한잔. 유청길 명인은 부산 금정산성 막걸리의 전국적인 명성이 이때 시작되었을지 모른다는 설명을 곁들여 들려준다. 마치 경기도 포천의 막걸리가 그곳에서 군복무를 한 장병들의 추억 속에서 전국 각지에 명성을 날렸듯이 말이다.

금정산성金井山城 막걸리가 빚어지는 부산 금정의 이 산골짜기에는 농사를 지을 마땅한 땅이 없다. 농사 대신 생계를 위해서 만들어온 금정산성 누룩이 오늘의 부산 금정산정 막걸리를 탄생시킨 뿌리이다. 부산 금정산성 누룩이 고단한 세월의 여파를 넘어 그 명맥을 유지해온 것이 그저 용하다 싶다. 삶을 이어가야 하는 민초의 의지가 이 누룩에 질긴 생명력을 부여했을 것이다. 누룩은 술의 근간이니, 누룩이 없다면 술을 빚지 못하는 것은 당연하다. 술 빚기를 막자면 술 단속 이전에 누룩 단속이 먼저다. 금주령 시기마다도 그렇고, 일본의 식민지 치하에서도, 1960년대의 양곡관리 정책에 의한 쌀 막걸리 금지조치에도 가장 먼저 철퇴를 맞은 곳은 누룩 제조장이었을 것이다. 부산 금정산성 누룩의 명성은 익히 알려져 있어, 사람들은 이 무서운 단속의 시기에도 술다운 맛을 내기 위해 쉬쉬하며 금정산성의 누룩을 찾았다 한다.

부산 금정산성의 내력을 설명하는 유청길 명인의 목소리에는 단단한 자부심이 넘쳐났다. 단속원의 모습이 저 멀리 산 등허리에 보이기라도 하면 마을은 일대 비상이 걸렸을 것이다. 어디였는지 기억이 나지 않지만 금정산성의 아낙이 안고 있던 아이를 단속원에 품에 안겨주고 집으로 내달려 누룩을 포대기에 싸들고 산으로 도망을 가기도 했었다는 이야기를 들었던 적도 있었는데, 이 마을 사람들에게 누룩 한 덩이는 어떻게든 지켜야 할 쌀섬이었을 것이다. 누룩을 지켜야만 아이 입에 풀죽 한 수저라도 넣어줄 수 있었을 테니 말이다. 부산 금정산성 사람들은 이렇게 험한 세월을 거쳐 누룩을 지켜냈다.

반쯤 으깬 통밀에 물 조금 넣어 반죽하여 면포에 싸서 눌러 툭 하니 던져 준다. 고무신을 신고 왼쪽 오른쪽으로 춤추듯 빙글빙글 몇 바퀴를 돌아가며 밟아대면 마치 피자 도우처럼 얇고 둥그런 누룩이 만들어진다. 발로 디뎌 만든다고 하여 족타법이라 불린다. 다른 지역에서는 대부분 누룩 틀을 사용해 누룩의 형태를 잡고 손이나 발로 꾹꾹 힘을 주어가며 디뎌 만드는데, 부산 금정산성의 누룩은 두께도 모양새도 여타의 누룩과 많이 다르다. 누룩 형태가 만들어지면 오랜 세월 지켜온 미생물이 살아있는 누룩방으로 옮긴다. 습하기도 하고 후덥지근하게 덥다. 연탄불을 피워 온도를 높여둔 탓이다. 부산 금정산성 막걸리는 바로 이 누룩의 맛이다.

부산 금정산성 막걸리는 개성이 확실해 처음 막걸리 공부를 하는 사람들도 미리 특징을 알려주면 상표를 보지 않아도 잘 맞춘다. 우선 연한 노란 빛깔이 다른 술과 다르다. 한 모금을 입에 넣으면 마치 여름날의 동치미 국물처럼 산미가 찡하게 퍼진다. 유산균 음료처럼 부드러우면서도 혓바닥을 톡 쏘는 상큼한 산미가 있다. 연한 짚단의 냄새와 사과 향이 난다. 이 술에 대해 경험이 영 없는 사람들은 다른 막걸리를 열 때처럼 병을 잘 흔들어 열었다가 낭패를 보곤 한다. 특히 날이 더운 여름에 접어들면 한 번 흔들어 넘친 탄산은 두세 잔 분량의 막걸리를 손해보고 나서야 거품을 멈춘다. 이 막걸리를 처음 만나던 날 서울내기인 나의 막걸리 따는 법을 지켜보던 부산 사람은 사정없이 넘치는 막걸리를 보며 실패를 예견했다는 듯이 웃었다. 막걸리 한 잔을 바닥에 다 뿌리고 나서야, 병을 연 뒤 둥글게 돌려가며 흔들어야 한다는 조언을 준다. 요즘 들어서는 그 정도로 활달히 넘치는 부산 금정산성 막걸리를 보지 못했다.

2012년도이던가? 내가 이 양조장을 방문했을 때만 해도 사람 구하기 힘들어 대 잇기가 어렵다는 양조장들의 하소연이 무색해질 정도로 여럿의 젊은 청년들이 막걸리를 빚고 있었다. 유청길 명인의 어머니는 누룩을 딛는 방에 동네 어머니들이 모여 앉아 누룩 밟고 있는 태를 보며 관리를 하시다가도, 사람들이 질문을 던지면 답을 하시고 사진 찍기도 마다치 않으셨다. 참 나긋하고 고운 분이셨다. 지금은 양조장을 새로 더 짓고 누룩방도 지어 명실공히 금정산성의 관광명소가 되어 전 국민의 미각을 새콤하게 물들이는 중이다.

"부산 금정산성 막걸리를 무엇과 함께 먹으면 좋을까요?" 매 수업마다 같은 질문을 던진다. 다양한 답변들이 나오는데 가장 많이 거론되는 음식이 새콤하게 무친 홍어무침과 전이다. 기름진 음식에는 아주 깔끔히 입을 씻어내주는 역할을 하고, 새콤한 음식에도 지지 않아 술도 음식도 더 기운차도록 힘을 실어준다. 나는 겨울의 부산 금정산성 막걸리보다 여름철의 날렵해진 막걸리를 더 좋아한다. 진하게 간 걸쭉한 콩국수에 부산에서 서울로 오는 동안 적당히 묽어진 막걸리를 한 잔 들이켜면 왠지 기운이 펄떡 날 것 같다. 금정산성에서 자란 흑염소 불고기를 곁들이거나 부산 아랫동네로 내려와 동래의 파전과 함께 먹으면 정말 좋다는 이야기도 자주 들었다. 괜히 심사가 얄궂은 날이라면 부산 금정산성 막걸리를 마셔보자. 삐진 아이의 눈 흘김 같은 새초롬한 맛에, 뭐 별일 아니다 싶어져 헛헛한 웃음이 날지도 모른다.

제품명 금정산성 막걸리
생산자 (유)금정산성토산주 유청길 명인
생산지 부산광역시 금정구 산성로 453
연락처 051-517-0202
원재료 백미, 밀 누룩, 정제수, 아스파탐
식품유형 탁주

알코올 도수 8도
유통기한 제조일로부터 10일
경력사항
| 대한민국 민속주 제1호
| 전통식품명인 제49호
| 농림축산식품부 선정 〈찾아가는 양조장〉

대한민국 민속주 제1호로 지정되었으며 전통식품명인인 유청길 명인이 생산하는 막걸리이다. 옅은 볏짚단과 풍성한 사과향, 유산균 음료처럼 부드러운 산미가 매력적이다.

부산 금정산성 막걸리의 명성만큼이나 긴 역사를 자랑하는 부산 금정산성의 누룩으로 만들었는데, 탄산이 많아 자칫 마구 흔들어서 병을 땄다가는 큰 낭패를 볼 수 있다. 뚜껑을 먼저 열고 병을 둥글게 회전시켜 흔들어 주거나 유리 저그 등에 한 번에 따라 마시는 것이 안전하다.

알코올 도수는 다소 높아 8도나 되니 술술 넘어간다 하여 성급해지지 말고 천천히 마시는 것이 부산 금정산성 막걸리를 잘 즐기는 방법이다.

아주아주 옛스럽게

송명섭 막걸리

평양냉면같이
슴슴해

평양냉면같이
슴슴해

"막걸리 좀 맛볼 수 있을까요?"

"우리 집엔 술이 없는데? 미리 주문했어야지 우린 연락 못 받았어."

공중파 방송, 그것도 《1박 2일》이라면 대단한 시청률을 보장하는 프로그램 아닌가. 호주 출신의 방송인 샘 해밍턴 앞에 곰같이 느릿느릿하게 나타난 사내는 어제 일 실컷 해서 지금은 쉬고 있으니 먹고 싶은 사람이 직접 짜 먹으라며 강짜를 놓는다. 막걸리를 빚는 송명섭 명인의 개성을 딱 제대로 잡았다.

본의 아니게 송명섭 막걸리를 여러 곳에 소개하게 된다. 강의시간에도 그렇고 시음회에도 빠짐없이 들고 다니는데 양조장과 특별한 인연이 있어서는 아니다. 그저 독보적으로 단맛을 쏙 빼서 담담하게 만든 막걸리가 개성이 넘치니, 강의나 시음회의 주제로 더할 나위 없이 좋은 재료가 되기 때문이다. 나는 송명섭 막걸리를 한국에서 제일 맛 없는 막걸리라고 소개하기도 한다. '맛이 없다'라는 의미는 일반적으로 쓰이는 '맛없음'과는 조금은 다른 의미이다. 확 당기는 단맛도 없고, 뭐 딱히 꼬집어내 맛나다 할 맛이 없다. 따라서 여기서의 맛 없음의 반대말은 '맛있음'이 아니라 '맛 많음'이다. 그저 무명천이거나, 하얀 도화지와도 같아서 무엇이라도 그릴 수 있도록 넉넉히 자리를 비워둔 맛이다. 맛 많음과 거리가 먼 이 막걸리는 이외로 팬층이 두텁다. 그렇다 해서 이 막걸리가 저어엉말 맛있다고 감탄하거나 찬사를 하는 사람도 그닥 보지 못했다. "달지 않아 좋아요." "담백해서 좋아요." "물 같아서 좋아요."라 할 뿐이다. 그래서 막걸리 애호가들은 송명섭 막걸리를 막걸리계의 아메리카노, 막걸리계의 평양냉면이라고도 하는데 적절한 비유라 여겨진다.

송명섭 막걸리의 정식 이름은 '송명섭이 직접 빚은 生 막걸리'이지만 사람들은 그저 줄여 '송명섭 막걸리' 또는 '송막'이라 부른다. 전라북도 정읍에 있는 태인 양조장에서 빚어지는 술은 죽력고와 송명섭 막걸리, 두 가지이다. 두 술 모두 독보적인 개성을 가진 술로 통한다. 재료에 대한 고집이 남달라 직접 생산한 쌀과 디딘 누룩만을 사용해서 술을 빚는다. 어떤 분들은 "정말 할머니나 어머니가 빚으시던 그 막걸리 맛이에요."라고 하기도 한다. 사실 전통 누룩을 사용하는 막걸리도 얼마든지 달달하고 맛 많게 만들 수 있는데, 송명섭 명인은 단맛을 아주 쫘악 빼서 담백하고 쌉싸래한 술맛을 낸다. 그러니 인공감미료나 단맛이 나는 것으로 맛을 더 첨가했을 리가 없으니 물, 쌀, 누룩 이외에는 아무것도 들어있지 않은 막걸리이다. 혹여 입맛을 당기는 뭔가의 비법이 있지 않을까 싶어 물어보니 저온 발효를 이야기하신다. 여러 막걸리 양조장들이 발효조 안의 품온을 대개 25~27도 사이로 유지하는데 송명섭 막걸리는 이보다 낮은 온도에서 발효를 한다. 이것 외에 다른 차이점은 없나요? 물었더니 "발효 조건은 아무리 잘 조절해서 맞춰 두어도 변화가 있을 수밖에 없어요. 덜 익어도 안 되고, 노숙이 되어도 안 되니, '며칠 되었다.'라는 시간에만 의존하지 않고 잘 보았다가 딱 알맞은 순간을 잡아서……."라는 답을 주신다.

각자의 취향에 따라 마시는 방법도 다양해서 유통기한이 열흘인 송명섭 막걸리를 박스로 구입해서는 김치냉장고에 넣어 한 달이고 두 달이고 숙성시켜 마시기도 한다. 나는 그 정도로 부지런하거나 술을 두고 마냥 기다릴 만큼 참을성이 많지도 않아서 지인을 통해 한 번 맛을 본 것뿐이다. 숙성된 막걸리는 더 갸름해지고 약간은 더 새초롬해진 맛이 난다.

송명섭 막걸리는 무엇과 같이 먹어도 대개 잘 어울린다. 매운 음식과 함께 곁들인다면 매운맛을 줄여주는 입가심으로 딱이고, 기름진 음식과 먹으면 입을 단정히 해준다. 심지어 피자나 치킨에도 잘 어울려서 치막(치킨과 막걸리) 타입에도 좋다. 이 술을 처음 맛본 사람들 중에는 이 맛이 아주 좋다는 사람들과 심심한 맛이라는 사람들 사이에서 극명하게 호불호가 갈리기도 하는데, 그다지 호의적이지 않던 사람들도 세월 속에 막걸리 병이 조금씩 쌓여 가면 이 술을 은근히 다시 찾는 경우도 많이 보았다.

송명섭 막걸리에 대한 아쉬움 한 가지를 에피소드로 전하자면, 농림축산식품부가 후원하고 한국국제소믈리에협회 KISA가 주관하여 매년 열리는 전통주 소믈리에 대회 날의 일을 말할 수 있다. 당시 내가 지도하던 제자들이 이 대회의 대학생 부분에 출전을 했었다. 예선을 마치고 나온 제자들이 이구동성으로 하던 말이 이랬다. 잔에 담긴 술의 향과 맛으로 원료, 생산지, 제품명, 알코올 도수 등을 알아맞히는 블라인드 테이스팅에 송명섭 막걸리가 나왔더란다. 송명섭 막걸리는 여러 막걸리들 사이에 섞여 있어도 오히려 못 맞추기가 더 어려운 개성 있는 막걸리이다. 그런데 맞추질 못했단다. 그러면서 하던 말이, "송명섭 막걸리가 예쁘더라고요. 평소보다 단맛도 좀 더 나고 향도 좋고……." 한다. 넉살 좋은 답변에 그저 웃고 말았다. 이 이야기도 벌써 5년 전 이야기이니 시간 참 빠르다. 물론 지금은 맛의 편차가 상당히 줄었다.

덤덤함이 필요한 날. 무명천으로 만든 넉넉한 옷과 가벼운 샌들을 신고 들길을 걷고 싶은 날. 그런 날에 한잔 시원히 들이켜기 좋을 막걸리이다. 갓 퍼 올린 우물처럼 시원하게 마음의 갈증을 가시게 해줄 그런 맛이다.

제품명 송명섭이 직접 빚은 生 막걸리
생산자 태인합동주조장 송명섭 명인
생산지 전라북도 정읍시 태인면 창흥2길 17
연락처 063-534-4018
원재료 쌀, 곡자, 정제수
식품유형 탁주

알코올 도수 6도
유통기한 제조일로부터 10일
경력사항
| 전라북도 무형문화재 제6-3호
| 전통식품명인 제48호
| 농림축산식품부 선정 〈찾아가는 양조장〉

막걸리계의 아메리카노, 막걸리계의 평양냉면 갈다는 수식어가 따라다니는 막걸리이다. 단맛이 거의 없고 향도 복잡하지 않은 담백한 맛이다. 호불호가 많이 갈리지만 두터운 마니아층을 보유하고 있는 막걸리 중 하나이다. 유통기한은 열흘인데, 집에서 박스로 주문하여 5도 이하의 낮은 온도에서 한 달에서 두 달 가까이 장기 숙성하여 마시는 마니아들도 있다.

전통과 현대의 콜라보랄까

느린마을 막걸리

흐리멍텅하게 살기,
막걸리처럼

흐리멍텅하게 살기,
막걸리처럼

어떤 이들은 술맛을 보고 음식을 소개하는 내 직업이 천상의 직업이라 부러워하지만 좋아하는 일이 직업이 되면 즐거움보다는 사명이 앞서는 법이다. 그 좋아하는 술 일로 인해 마음이 한없이 가난해진 어느 날에 홍대 앞의 주점 '느린마을 양조장'을 찾았다. 조니워커스쿨 홍재경 (전) 원장이 이곳의 주인이다. 바텐더의 산실로 알려진 이곳의 졸업생들은 결속력과 브랜드 충성도가 남다르다. 권유하지 않아도 이 수입사의 제품으로 칵테일을 만들고 신제품이 들어오면 서로 권하며 판다. 어디서 만나더라도 이곳에서 공부를 했다는 이유만으로 반갑다. 이 결속력은 교육의 힘이고 동문의 힘이다. 조니워커스쿨은 나의 전통주 관련 활동에 자주 롤 모델이 되어주었다.

"막걸리 가게를 할까 싶어요. 일전 여름에 사고를 당한 이유로 어찌

된 이유인지 다른 술들은 전혀 마실 수가 없는데 막걸리는 조금씩 마실 수 있겠더라고." 사고 소식은 안타까웠지만 홍 원장님의 막걸리 가게 창업 소식은 무척 반가웠다. '흐리멍텅하게 살기 막걸리처럼…….' 내 이름과 함께 적혀진 예약 칠판의 문구가 그 즈음의 내 심정을 헤아리신 위로인지, 아니면 아무렇지 않게 주신 말씀에 내가 내 심장을 고동치게 한 것인지는 모르겠으나 나는 그 날 이후 진심으로 '흐리멍텅하게 막걸리처럼 살기'를 소망했다.

느린마을 양조장에서는 막걸리를 직접 주점(식당) 안의 양조장 공간에서 만들어 판다. 익히 알려져 있는 하우스맥주 전문점 같은 구조이다. 맥주를 식당에서 직접 만들어 판매하는 하우스맥주가 시작된 것은 2002년의 일이다. 말 그대로 집(하우스)마다의 개성을 담은 맥주를 맛볼

흐리멍텅하게 살기 막걸리처럼

수 있게 되어 맥주 시장의 다변화에 일조한 것은 물론 현재의 수제 맥주 대중화의 단초가 되었는데, 정작 한국의 술에는 이 법령이 적용되지 않고 있다가 2016년 소규모 주류 제조 면허 제도의 확대로 직접 빚은 막걸리를 식당(주점)에서 팔 수 있는 길이 열리게 되었다. 2018년에는 법 개정을 통해 소규모 주류 제조 면허 취득의 필수 조건이었던 식품접객업 영업허가(음식점) 항목이 삭제되었다. 일정 시설만 갖추면 이제는 동네 작은 베이커리나, 떡집 정도의 규모로도 양조장을 만들어 개성 넘치는 술을 생산해 판매할 수 있다. 도심 양조장 시대의 개막이 열린 셈이다.

세계에서 가장 작은 양조장을 표방하는 '느린마을 양조장' 연남점의 양조장은 한 평 반 남짓이나 되려나? 이렇게 작은 규모의 양조장에서 막걸리 양조가 가능한 것은 느린마을 막걸리의 독특한 제조방법 때문이다. 대부분의 막걸리가 쌀이나 밀, 옥수수 등의 곡물을 쪄서 누룩과 물을 더해 발효시켜 만든다면 느린마을 막걸리는 익히지 않은 생 쌀가루와 개량 누룩, 그리고 물로 만든다. 너무도 이상한 조합으로 만들어진 이 막걸리에서는 사과, 배, 멜론 향이 나고 부드럽고 달콤하다. 어린 시절의 추억을 소환하는 향이다.

명절날이면 집 마루에는 나무로 된 사과 궤짝이 놓이곤 했다. 톡 튀어나온 못 머리에 장도리를 끼워 궤짝을 열면 가득 찬 왕겨 사이로 빨간 사과가 머리를 쏙 내밀고 있었다. 하나씩 빼서 먹다 보면 나중에는 온 집 안에 큼큼하고 달달한 향이 풍겨 나는데 아차 싶어 궤짝 속에 손을 넣어 겨 사이를 헤치다 보면 손가락이 푹 들어가도록 곯아버린 사과가 손에 잡힌다. 엄마는 이 사과를 꺼내 칼로 상한 부분을 도려내고 우유를 넣어 갈아 주시곤 했다. 멀쩡한 사과보다 곯아버린 사과를 간 것이 난 더 좋았다. 맛도 달고 향도 짙었으니까. 느린마을 막걸리를 처음 마시던 날 바로 어린 날 마셨던 그 사과주스의 맛을 막걸리에서 느꼈다. 느린마을 막걸리의 봄·여름·가을·겨울 중, 봄 막걸리가 딱 그 맛이었다.

막걸리는 액체로 된 밥이라 부르기도 한다. 밥은 쌀을 익혀 만드는 것인데 생 쌀가루로 막걸리를 만드는 일은 어떻게 가능할까? 바로 무증자 無甑糈 누룩의 개발 때문이다. 쌀을 찌지 않아도 생쌀을 잘 당화시키는 이 누룩은 느린마을 막걸리를 생산하는 배상면주가 배영호 대표의 부친인 배상면 회장이 개발하였다. 그는 이 누룩의 근간이 되는 미생물을 전통 누룩에서 찾았다. 고문헌에 보면 반은 익히고 반은 설익은 상태의 곡물로 술 만드는 방법들이 보이는데 이것은 전통 누룩의 많은 미생물 중, 생 전분을 당화할 수 있는 강력한 효소력을 내뿜는 누룩곰팡이가 있기 때문이다. 이러한 미생물을 전통 누룩에서 뽑아내 튼튼하게 개량하여 밀기울에 배양한 것이 무증자 누룩이다. 산미는 다소 낮지만 사과, 배, 멜론 등의 과실 향이 풍부한 막걸리를 만들어준다. 쌀 씻는 과정과 찌는 공정이 없으니 양조 공간이 작아도 되고 물과 열 손실도 줄어 경제성도 있어 보인다.

느린마을 막걸리는 사계절을 테마로 막걸리를 만든다. 달콤한 봄, 활기찬 여름, 풍성한 가을, 단정한 겨울. 봄에서 겨울로 갈수록 단맛은 줄어들고 묵직했던 질감은 한결 가벼워진다.

이런 맛의 차이가 나는 이유는 무엇일까? 막걸리 맛보기 수업 시간에는 이런 숙제를 낸다. 같은 양조장, 같은 출고일의 막걸리를 네 병 정도 사 두었다가, 날짜에 따라 순차적으로 맛을 보는 과제다. 알코올 도수가 6도 정도인 생 막걸리들은 양조장마다 차이는 있지만 대개 10일에서 30일 정도의 유통기한을 가진다. 유통기한이 10일인 막걸리를 첫날 한 병 맛보고 셋째 날 또 한 병을 맛보고 여섯째 날쯤 또 한 병을 맛보고 9일이나 10일경에 남은 한 병을 맛을 보면 대부분 그 맛의 변화를 알아차릴 수 있다. 주당들에게는 기다리는 것이 힘든 고통일 수 있겠지만 취하도록 마시는 것 말고도 술과 놀 수 있는 방법은 다양하다.

살균하지 않은 생 막걸리에는 효모가 살아있다. 누룩 속 당화 효소가 전분을 분해하여 열심히 당분을 만들어 내면 효모는 이것을 이용하여 알코올을 만든다. 병 속에 넣어 제품화한 생 막걸리에는 효모가 살아있어 어느 정도까지는 병 속에서도 알코올 발효를 지속한다. 막걸리가 출고된 날짜에 따라 맛이 달라지는 이유인데, 시간이 지나면서 단맛은 점점 줄어들고 산미는 좀 더 올라오며, 알코올 도수 역시 조금은 올라가게 된다. 막걸리를 즐기는 사람들 사이에서 생 막걸리는 한 삼사 일쯤 지나야 맛이 나고, 어떤 막걸리는 김치냉장고처럼 낮은 온도에 두어 유통기한을 훌쩍 넘겨 두 달쯤은 묵혀야 제맛이 난다는 노하우들을 밝히는 이유이다. 물론 유통기한을 넘긴 막걸리를 외식업장에서 제공하는 것은 절대 안 될 일이다.

천상, 와인만 알던 사내가 누룩을 물에 풀어 수국水麴을 만들어 쌀가루를 혼합하고 젓고 아이를 돌보듯 온도를 맞춘다. 매일을 들여다보고 싶은 마음을 누르고 기다림 속에 익은 술을 떠내 판다. 프랜차이즈 기업이 주는 제품의 동질성을 보장하면서 오랜 시간 호텔에서 다져온 소믈리에와 술 교육 현장에서의 경륜을 더해 새로운 공간으로 만들어 간다. 예약 칠판마다 약속한 사람의 마음을 헤아려 작은 글귀 하나를 적어 두고, Hong's Time이라는 시간을 만들어 고객과 소통도 한다.

전통주 맛 평가에 대한 기준의 정립과 함께, 서비스에 관한 부분은 많은 연구와 개척이 필요하다. 용도에 맞는 잔의 사용과 음용법, 서비스 기법에 대한 연구는 한국 전통주에 잘 맞는 신발을 신기는 일과 같다. 학자들은 문헌의 사례들을 연구하고, 현장에서 서비스를 제공하는 소믈리에와 바텐더들은 현장감 넘치는 아이디어를 낸다. 술 이야기꾼들은 여기에 색을 입히는 일련의 협동 작업을 한다. 막걸리 가게를 여시겠다는 홍 원장님의 창업 소식이 반가웠던 것은 내심 이런 욕심 한 자락이 있었기 때문이다.

마트에서 사 온 느린마을 막걸리를 화이트와인 잔에 한가득 따랐다. 콤콤하게 삭은 2년 된 묵은지를 꺼내 물에 씻어 꼭 짜서 나박하게 썰어 접시에 담고 스모크치즈를 썰어 얹어 안주를 삼았다. 묘하게 어울리는 맛이다. 사과 한 조각에 까망베르 치즈나 블루치즈를 곁들여도 좋을 듯하다.

술 한 잔에 드는 생각, 막걸리가 정말 흐리멍텅하던가? 이런 분별도 다 내버려두고 조금은 흐리멍텅하게 살아보자, 막걸리처럼.

제품명 느린마을 막걸리
생산자 (주)배상면주가 배영호 대표
생산지 경기도 포천시 화현면 화동로 432번길 25
연락처 080-570-5500
원재료 쌀, 입국(쌀), 조효소제(밀), 효모, 정제수
식품유형 탁주

알코올 도수 6도
유통기한 제조일로부터 20일
경력사항
| 2015 우리술 품평회 탁주부문 대상 느린마을 라이트막걸리
| 2017 우리술 품평회 탁주부문 최우수상 느린마을 막걸리
| 농림축산식품부 선정 〈찾아가는 양조장〉

전통 누룩에서 분리해 낸 라이조푸스균을 배양한 무증자 개량누룩을 사용하여 생 쌀가루로 술을 만든다. 발효 기간에 따라 단맛이 많은 봄부터 점점 단맛의 농도가 줄어드는 여름, 가을, 겨울 중에 그 맛을 선택할 수 있다.
느린마을 막걸리는 폭 익은 사과에 우유를 조금 넣어 갈아 낸 것처럼 달콤하고 부드러운 맛인데 인공감미료를 쓰지 않고 쌀을 넉넉히 사용하여 자연의 단맛을 낸다. 막걸리를 처음 접하는 외국인이나 와인을 즐기는 사람들이 좋아할 만한 풍성한 향과 맛을 가진 막걸리이다. 막걸리 잔에 따라 투박하게 마시는 것도 좋고, 화이트와인 잔 등을 이용하여 그 향을 즐기며 맛보는 것도 좋다.

전통과 현대의 콜라보랄까

⁂

사미인주

⁂

날마다
새로운 맛을 보여줄게요

날마다
새로운 맛을 보여줄게요

봄바람 문뜩 불어 적설을 헤쳐 내니

창밖에 심은 매화 두세 가지 피었어라.

(중략)

황혼의 달이 솟아와 베갯머리에 비치니

흐느끼듯, 반기는 듯 임이신가 아니신가.

저 매화 꺾어 내어 임 계신 데 보내고져

임이 너를 보고 어떻다 여기실고.

_정철鄭澈, 「사미인곡思美人曲」 중에서

긴 목과 치맛단처럼 풍성한 외관을 가진 사미인주 병은 기존의 막걸리 병과는 사뭇 다른 모양새이다. 여인의 잘록한 허리와 칠흑처럼 검은

머리채를 형상화했다는 병의 디자인과 화려한 색감의 미인도가 그려진 사미인주 레이블을 볼 때면 조선 시대 가사문학의 대가, 송강 정철(1536~1593)의 「사미인곡」이 연상된다. '남성의 시가 이렇게 고울 수가 있을까!' 감탄을 자아내게 하는 시 구절마다 스민 연모의 표현이, 사랑하는 여인을 향한 것이 아니라 임금에 대한 충절의 표현이라 배웠던 국어 시간에는, 차라리 몰랐으면 더 로맨틱했을 텐데 싶은 마음도 들었다. 해석이야 읽는 사람의 자유인 것을 뭐 어떠랴……. 누구를 향한 마음이건 간에 소중한 사람에 대한 간절함이 묻어나는 「사미인곡」만큼이나 (주)청산녹수 양조장의 사미인주는 재료가 진실하다.

무엇이든지 원료가 좋으면 잔재주를 부리지 않아도 실한 맛이 나는 법이다. 좋은 재료를 구하려면 그것이 나는 자리에 턱 하니 터를 잡고 앉아 있어야 한다. 그래서 사미인주가 나는 청산녹수 양조장은 논이 지천인 전라남도 장성의 폐교에 자리를 잡았다. 아이들의 웃음소리 대

사미인주, 사진 제공 (주)청산녹수

신 술 익는 소리가 자글거리는 이곳의 주인은 전남대학교 생명화학공학부의 교수를 겸하고 있는 김진만 대표이다. 작은 연구소에 가둬 둘 수 없었던 전통주와 미생물에 대한 사랑이 그를 이곳 장성의 폐교로 이끈 모양이다.

사미인주는 장성의 유기농 쌀을 사용하는데, 장성군 삼계면에 있는 친환경 쌀 재배단지에서 계약 재배를 통해 사미인주에 쓸 쌀을 조달한다. 인공감미료는 쓰지 않는 대신 올리고당과 사과농축액, 꿀로 술에 곱단한 단맛을 더했다. 막걸리를 만드는 과정은 기존의 대규모 막걸리 양조장과 크게 다르지 않지만 발효실의 온도를 13도에 맞추어 두고 낮은 온도에서 25일간 발효를 한다는 특징이 있다. 25일이면 막걸리 양조로 적지 않은 시간이다. 알코올 발효를 마치면 15도의 사미인주 원주를 얻게 된다. 여기에 사과농축액과 아카시아 벌꿀, 올리고당, 정제수를 넣어 혼합을 하여 7일간 숙성조에서 다시 숙성을 한 뒤 병입을 한다. 한 달은 족히 걸리는 과정이다.

막걸리의 톡 쏘는 탄산은 어떻게 만들어질까? 쌀 등의 곡물에 발효제와 물을 섞어 일정한 발효 조건을 맞추어 주면 당화 효소가 곡물의 전분을 분해하여 주스처럼 물러지고 달아지게 만든다. 효모가 이 당분을 이용해 알코올을 만들어 내는 과정에서 꼭 생기는 것이 탄산가스와 열이다. 탄산이 발생하고 있다는 것은 '나 아직도 알코올 만들고 있어요.' 하며 효모가 보내는 신호다. 사미인주는 25일의 시간 동안 완전 발효를 마친 뒤 정제수를 혼합하여 알코올 도수를 낮춰두고, 올리고당으로 당분을 첨가해주어 활동을 중지하였던 효모가 병 안에서 조금씩 후발효를 일으키면서 부드러운 탄산을 만들어 내게 된다.

알코올을 만드는 1차의 과정과 숙성을 겸한 2차 발효를 통해 술에 원숙미와 청량함을 동시에 부여한다는 점 이외에도 사미인주는 사용하는 효모도 특별하다. 효모는 알코올을 만드는 것뿐 아니라 술에 독특한 향미를 내는 역할도 하는데, 한국식품연구원에서 10여 년간 한국의 전통 누룩을 연구하여 찾아낸 토종 효모를 사미인주에 사용한다. 바나나 향이 독특한 이 효모를 통해 사미인주에 감성을 더하고 좋은 원료와 현대의 양조과학을 더해 한 달이 넘는 시간을 들여 사미인주의 원숙한 맛을 냈다.

사미인주는 술을 만드는 것뿐 아니라 술을 권하는 데에 있어서도 친절하다. 생 막걸리는 병 속에서 발효가 계속되기 때문에 유통되는 날짜에 따라 그 맛이 다르다. 사미인주의 유통기한은 30일이다. 이 기한을 세 단계로 나누어 0일(제조일)부터 4일째까지, 5일째부터 15일째까지, 16일째부터 30일째까지의 맛을 레이블 뒷면에 표기해 두었다. 잔당이 남아 달콤함이 남아있는 1단계(0일부터 4일째), 효모의 활동으로 단맛은 조금 줄어들고 새콤한 맛과 탄산, 농도가 균질함을 이루는 2단계(5일째부터 15일째) 그리고 단맛은 잦아들며 새콤함과 청량함이 살아나는 3단계(16일째부터 30일째)로 입맛에 맞게 제조일자를 고를 수 있다. 병 속에서 익어가는 생 막걸리의 특성상 살아있는 효모가 잔당을 이용해 알코올을 조금씩 만들어 내니 전반과 후반의 알코올 도수는 미묘한 차이가 있다. 그러기에 주세법에도 상표에 기재가 된 알코올 도수와 실제 알코올 도수 간의 오차 범위가 1도를 초과하지 않는 것을 허용한다.

불과 몇 해 전만 해도 막걸리는 다 같은 맛이라는 평을 많이 들었는데 그간의 인식도 많이 바뀐 듯하다. 갓 걸러 신선한 상태로 마시는 술 막걸리는 병 속에서 무궁한 변화를 보이니 오늘 마신 이 막걸리 맛이 내일 같으리라는 법이 없다. 지금 마시는 이 술 한 잔이 전 우주에서 유일한 맛을 가진 술이니 그 운명과의 조우에 집중한다면 술맛은 더 귀해진다.

막걸리는 저급한 원료를 사용하여 가격이 저렴하다는 인식에는 항변하고 싶어진다. 사미인주뿐 아니라 여러 막걸리 업체에서 계약 재배를 통해 지역의 좋은 쌀, 신선한 쌀을 수급하여 사용하고 있다, 그럼에도 가격이 그닥 비싸지 않다. 그 이유의 큰 몫을 차지하는 것이 주세이다. 맥주의 주세는 72%, 여기에 이런 저런 세금을 보태면 거의 120%의 세금이 붙는다. 이에 반해 막걸리의 주세는 5%이다. 지역 특산주인 사미인주는 추가로 50%의 주세 감면 혜택을 받으니 술 한 병의 주세는 2.5%에 불과하다. 유기농 쌀만을 사용하고 한 달이 넘는 발효 시간을 들이고도 이 가격에 제공할 수 있는 이유이다. 가끔 농담 삼아 세금이 버거운 날이라면 막걸리 한잔하시며 국가가 주는 세제 혜택을 누려 보시는 것은 어떠냐는 농을 건네기도 한다.

얼추 천여 종이 넘는 막걸리가 더 다양한 모습으로 늘어나고 있는 추세이니 그 맛을 그저 보는 데도 평생은 걸릴 듯한데, 막걸리 하나하나가 시간마다 다른 모습을 보이니 그 재미만을 풀어보아도 본전은 나올 듯하다. 먹고 취하는 것만이 술꾼의 자세는 아니다. 막걸리의 이 무한한 변신의 세계에 합류를 하게 되면 저렴한 막걸리라 마구 대하고 그저 취해 주사를 부를 여유는 없을 듯하다.

제품명 사미인주
생산자 농업회사법인 (주)청산녹수 김진만 대표
생산지 전라남도 장성군 장성읍 남양촌길 19
연락처 061-393-4141
원재료 유기농 쌀, 벌꿀, 사과 농축액, 올리고당, 종국, 효모, 정제효소
식품유형 탁주

알코올 도수 8도
유통기한 제조일로부터 30일
경력사항
| 농림축산식품부 선정 〈찾아가는 양조장〉

쌀이 주원료이지만 사과와 벌꿀을 넣어 발효시켜 가벼운 질감과 풍성한 향기가 특징이다. 출하 일자에 따른 맛의 변화가 상표에 표시되어 있어 안내에 따라 입맛에 맞는 술을 선택할 수 있다. 몇 병을 한 번에 사서 두고 그 맛의 변화를 살펴보는 것도 좋은 재밋거리이다.

탁주를 말하다

과거와 현대의 막걸리 이야기

'마구 거른' 막걸리일까? 방금 '막 거른' 막걸리일까?

곡물이나 전분이 함유되어 있는 원료를 발효하여 탁하게 거른 술을 탁주濁酒라고 한다. 주세법의 식품유형상 '탁주'로 분류되지만 '막걸리'라는 이름이 더 흔히 쓰이기도 한다.

막걸리라는 이름의 유래는 두 가지로 전해진다. 술을 거르고 남은 지게미를 다시 물에 넣고 흔들면 낮은 도수의 술이 얻어지는데, 좋은 술을 거르고 남은 지게미로 마구 거른 술이다 하며 막걸리라는 이름이 붙었다는 이야기와 방금 걸러낸 신선한 술이라 막(방금) 걸리(거르다)로 불리게 되었다는 설이다.

탁주는 불리는 이름도 많아서 막걸리, 농주, 탁배기, 왕대포 등의 이름으로 불려 왔다. 막걸리라는 용어는 「춘향전」에도 등장을 하는데 춘향이와 이몽룡이 이별을 하는 장면에서 발걸음을 부여잡은 춘향의 마음을 떨치지 못한 이몽룡이 문중에서 내쳐지면 마포나루에 주막을 열고 막걸리를 팔며 살자는 탄식을 토해내기도 한다.

오랫동안 한반도 사람들과 함께해 온 이 술은 밥처럼 든든한 뱃심과 은근히 올라오는 술기운으로 농부의 허기진 배를 달래주는 동시에 힘 넘치는 노동요가 되어주기도 했고, 시인의 곤궁한 주머니 사정을 헤아려 주는 살뜰한 영혼의 비타민이 되어주기도 했다.

막걸리에는 인공적인 색과 향료를 사용할 수 없어요

막걸리(탁주)가 되려면 주세법의 식품 규격을 따라야 한다. 요즘은 유자 막걸리, 땅콩 막걸리, 알밤 막걸리, 대추 막걸리, 인삼 막걸리 등 부재료를 넣은 다양한 맛과 개성을 품은 막걸리들도 많이 나왔다. 간혹 향료나 색소를 넣어 만든다는 오해를 받기도 하지만 막걸리(탁주)에는 인공적인 색과 향료를 첨가할 수 없다.

막걸리에 들어가는 부재료의 양이 너무 적다는 평을 하는 소비자도 있는데, 막걸리(탁주)에는 과실이나 채소류, 허가된 약재류를 부재료로 사용할 수는 있지만 주원료 양의 20%를 넘게 쓸 수 없다. 간혹 탁주(막걸리)로 보이는데 상표에 막걸리라는 표시가 없다면 뒷면의 식품유형으로 확인해 보는 것이 좋다. 탁주인 경우 상표에 막걸리라는 표시를 할 수 있지만 술에 색소나 향료를 넣었거나. 혹은 첨가된 부재료가 20%가 넘으면 식품유형이 탁주가 아닌 기타주류로 분류되어서 보기에는 막걸리(탁주)처럼 보여도 탁주나 막걸리라는 명칭을 사용할 수 없다.

막걸리가 저렴한 이유는?

저렴한 술, 서민의 술로 인식되던 막걸리 시장이 변화하고 있다. 수입쌀과 정부 비축미를 사용하기에 저렴하다는 인식이 많았는데, 사실 저렴한 막걸리의 가격은 다른 주종에 비해 월등히 낮은 주세 때문이다. 막걸리와 비슷한 성격의 곡물 발효주인 맥주의 주세가 72%인 것에 비해, 막걸리는 단지 5%의 주세만을 낸다. 게다가 유통마진은 어떠한가? 대부분 막걸리 양조장의 이윤과 유통 중간마진은 다른 술보다 현저히 낮은 경우가 많아서 때로는 '물보다 싼 막걸리'라는 뭔가 애매한 칭찬을 듣기도 한다.

막걸리 시장은 발 빠르게 다변화되고 있으며 전국 팔도의 지역에서 생산되는 막걸리를 골라 마시고 찾아 마시는 막걸리 마니아 층이 한층 두터워졌다. 그러한 소비자의 요구를 반영하여 지역의 특정한 브랜드의 쌀을 원료로 한 막걸리, 유기농 원료만을 사용한 막걸리, 또는 쌀 · 밀 · 옥수수 등 원료의 특성을 강조한 막걸리가 등장했고 다양한 부재료를 사용한 막걸리나 쌀 입국 · 밀가루 입국 · 개량 누룩 · 전통 누룩 등 발효제를 달리한 막걸리, 3도 · 5도 · 8도 · 10도로 다양한 도수의 막걸리 또는 물을 섞지 않은 원주 상태의 막걸리도 시장에 나왔다.

그동안 가격도 다양해져서 불과 천 원가량에 불과한 막걸리부터 사만 원, 십만 원을 상회하는 탁주(막걸리)도 생겨났다. 탁주(막걸리)의 맛과 건강상의 이점에 매료되어 고가의 막걸리에 지갑을 여는 소비자도 상당히 많아졌다는 뜻이다. 팔색조의 매력을 가지고 진화하는 막걸리. 앞으로 우리는 어떤 새로운 막걸리 맛을 보게 될까. 자못 기대되고 궁금해진다.

주당의 질문

탁주 편

집에서 막걸리 만드는 방법을 알려주세요

막걸리 만드는 방법은 한국의 모든 어머니들의 김치 만드는 비법만큼이나 방법이 다양해요. 그중 찹쌀 고두밥과 전통 누룩으로 만드는 막걸리 레시피를 알려드릴게요. 밑술을 만들지 않고 고두밥에 누룩을 바로 섞어 한 번에 빚는다하여 단양주법이라고 불리는 방법이에요. 완성된 막걸리의 알코올 도수는 대개 10~15도 사이이니 그냥 마셔도 좋고 물을 타서 희석해 마셔도 됩니다. 술이 다 익으면 더 이상 탄산이 만들어지지 않아요. 청량감 있는 막걸리를 원하시면 탄산이 있을 때 술을 거르시면 됩니다. 단 탄산이 남아있을 경우 뚜껑을 꼭 닫으면 터질 위험이 있으니 조심하세요.

고운체에 걸러 내리고 있는 막걸리

준비물

3L짜리 발효용기, 찹쌀 1kg, 전통 누룩 250g, 생수 1L

방법

① 찹쌀을 깨끗이 씻어 물에 불린 후 채반에 올려 물기를 빼둡니다.

② 찜기를 이용해 찹쌀을 찌고 고두밥을 만들어 잘 펴서 식혀줍니다.

③ 믹싱볼에 찹쌀 고두밥, 누룩, 물을 섞어 잘 혼합해줍니다.

④ 혼합물을 발효 용기에 넣어 창호지나 면포로 윗부분을 덮어줍니다.

⑤ 이틀 정도가 지나면 뚜껑을 덮어줍니다. (꽉 닫지 마세요.)

⑥ 발효 온도에 따라 3~10일 정도면 술이 됩니다.

⑦ 고운체에 걸러 지게미를 제거하고 냉장고에 보관합니다.

생 막걸리와 살균 막걸리는 어떻게 다른가요?

생 막걸리의 특징은 효모와 미생물이 살아있어서 다 빚은 술을 병에 담은 후에도 발효가 진행되어 맛 변화가 일어나기 때문에 제조일자별로 다른 막걸리 맛을 경험할 수 있다는 점이에요. 유산균이 풍부하며 신선한 맛과 천연 탄산의 청량감을 느낄 수 있는데, 물론 완전히 발효를 끝낸 후 병입 하여 탄산이 없는 생 막걸리도 있어요.

생 막걸리의 유통기한은 10일에서 30일 정도로 짧고 꼭 냉장보관과 냉장유통을 해야 해요. 그래야만 본래의 맛을 유지할 수 있어요. 알코올 도수가 높은 탁주는 유통기한이 1개월에서 3개월로, 낮은 도수의 생 막걸리에 비해 유통기한이 길어요.

살균 막걸리는 65도 정도의 온도에서 30분가량 열처리를 해서 미생물의 활동을 정지시킨 막걸리에요. 그 덕에 상온보관이 가능하고 유통기한이 늘어나, 알코올 도수에 따라 유통기한이 6개월에서 1년, 많게는 3년인 경우도 있어요.

병 속에서 숙성이 가능하기에 꽃, 과일 향 등의 향기 성분들이 생겨 복합적인 향이 나기도 하고 열처리 과정에서 생기는 함황화합물의 영향으로 채소 등의 향이 날 수도 있어요. 청량감을 주기 위해 추가로 탄산을 다시 주입해주는 경우가 많고, 식이섬유나 비타민, 필수 아미노산 등 영양 성분이 풍부한 것은 생 막걸리와 같아요.

시원한 막걸리의 탄산, 어떻게 만들어지나요?

곡물과 누룩을 섞어 술독(발효조)에 두면 알코올 발효과정 중 자연히 이산화탄소가 발생해요. 생 막걸리에서 이산화탄소가 생성된다는 것은 아직 발효가 진행되고 있다는 신호예요.

막걸리의 탄산을 만드는 방법은 크게 세 가지가 있어요.

첫째, 탄산이 내는 청량한 맛을 즐기기 위해 발효가 완전히 끝나지 않은 상태에서 술을 거르고 물로 희석해서 제품화하는 경우예요. 유통되는 과정 중에 병 속에서 남아있는 당분이 천천히 알코올 발효되면서 이산화탄소를 만들어 내고 일부는 술에 녹아들어 가서 탄산의 청량감을 제공하고 과량의 이산화탄소는 병뚜껑을 통해 빠져나가게 돼요.

둘째, 사이다처럼 탄산을 주입하기도 해요. 살균 막걸리의 경우는 초기에 탄산이 있었더라도 살균과정에서 사라지기 때문에 살균 후 탄산을 다시 주입해서 청량감을 가진 제품으로 만드는 경우가 많아요.

발효 과정에서 만들어진 탄산에 의해 끓고있는 것처럼 보이는 막걸리

셋째, 완전발효된 술에 당분을 넣어 다시 알코올 발효를 시키는 방법이에요. 술이 완성되면 탄산이 없는 술이 되는데 완성된 술을 병에 담고 당분을 조금 넣어주면 다시 발효를 시작해 이산화탄소를 만들어요. 이런 과정이 프랑스 샹파뉴 지역의 스파클링 와인인 샴페인을 만드는 방법과 유사하다고 하여 막걸리샴페인이라고 부르기도 해요. 남아있는 당분 함량을 계산하여 고도의 기술로 제어해야 하는 어려운 공정이에요. 그렇지 않으면 이산화탄소가 너무 많이 생성되어 병이 터지거나, 뚜껑을 열었을 때 술이 분수처럼 쏟아질 수도 있어요.

전통 방식으로 만든 막걸리의 경우에는 발효가 완전히 끝난 술덧이라도 당분이 제법 남아 있어요. 그래서 15~17도가 되는 원주를 정제수로 희석해 5~8도 내외의 술로 만들면 멈춰있던 효모가 다시 활동을 시작해 병 안에서 알코올 발효가 다시 일어나면서 탄산이 만들어지는 경우도 있어요.

동동주와 막걸리는 어떻게 다른가요?

밥알이 술 위에 동동 떠 있는 모양을 따서 동동주라 불러요. 부의주浮蟻酒라고도 하는데 밥알이 떠 있는 모습이 마치 개미 같다고 하여 붙여진 이름입니다. 흔히 막걸리에 밥알이 떠 있는 것이 동동주라고 생각하지만 원래의 동동주는 그것과는 조금 다릅니다. 술독(발효조)에서 술이 익으면 삭아서 가벼워진 밥알이 맑은 술 위에 꽃잎처럼 뜨게 되는데 그 술

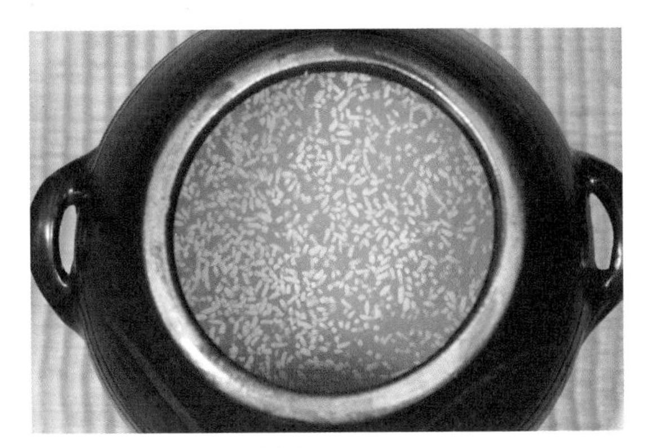

밥알이 꽃잎처럼 동동 뜬 동동주(부의주)

을 동동주 또는 부의주라 부릅니다. 탁주보다는 맑고 약주보다는 탁한 중간 형태의 술이에요.

막걸리, 흔들어 마실까요? 그냥 마실까요?

막걸리의 앙금(지게미)을 가라앉혀 맑은 부분만 마시는 분들을 종종 봅니다. 교육시간에 막걸리를 어떻게 마시는 것이 좋은가 하는 질문을 자주 받는데요. 흔들어 마시는 것이 좋다고 답변을 드립니다. 막걸리 지게미에는 식이섬유, 필수 비타민, 필수 아미노산 이외에도 항암 성분으로 알려진 파네졸과 스쿠알렌이 함유되어 있어요. 그러니 맑은 술을 원하신다면 약주를 드시고, 막걸리는 잘 흔들어서 마시는 것을 추천합니다.

아무리 좋은 성분이 들어있더라도 술은 즐거움으로 마시는 것이지 약이 될 수 없다는 거 아시지요?

술독을 닫으며

그동안 회자되어온 술 이야기의 근원을 따라 시간을 거슬러 올라가는 과정은 추리소설에 빠졌던 나의 어린 시절처럼 가슴 두근거리는 여정이었습니다. 어쩌다 새로운 글감 하나를 얻은 순간에는 세상 우쭐한 마음이 되었다가도 이내, 처음 뜨개질을 배우던 날처럼 풀었다 다시 짜고 다시 풀어쓰기를 수없이 반복했습니다.

이번 책의 주제로 삼은 술 중에 저의 미각이 기억하고 여러 해에 걸쳐 그 맛을 기록해 둔 것과는 다른 맛을 내는 술이 두어 개 있어 이미 마무리한 원고를 두고 잠시 고민에 빠지기도 했습니다. 와인에 있어서는 포도가 수확된 해를 술맛의 중요한 요소로 봅니다. 빈티지에 따라 원료

자체의 품질과 양조 과정, 숙성에 의해 변화가 있음을 예측하고 감안합니다. 한국의 전통주, 특히 전통 누룩을 사용한 탁주와 약주는 이 변화의 폭을 예측하기가 와인에 비해 어렵습니다. 원료의 사용과 발효 조건을 동일하게 하고 통제한다 하여도 다양한 미생물로 인해 술맛에는 변수가 있는 데다가, 일 년에 한 번 빚는 술이 아니다 보니 연도로 그 맛을 예측하기도 어렵습니다. 단일 미생물을 사용하는 일본 청주와도 비교하기 어렵습니다.

또한 꼭 기술적인 문제가 아니더라도 새로 문을 연 양조장들의 경우 연구와 새로운 시도를 거듭하며 제 색을 찾아가는 과정이다 보니 의도적으로 술맛에 변화를 주기도 합니다. 편차를 줄여 한결같고 예측이 가능한 술맛을 소비자에게 전하는 것이 양조자의 역할임은 분명하지만 현재 시점의 한국 전통주가 당면한 과제 속에서 부득이하게 생겨나는 변화를 경험하고 즐기는 것도 어쩌면 이 시대의 '전통주 애호가'와 소비자가 누릴 수 있는 특권이 아닐까 생각합니다.

사회적으로 심각한 문제가 되고 있는 주폭酒暴에 대한 기사들을 접할 때마다 암담한 마음과 안타까움을 떨칠 수 없습니다. 주폭은 술의 문제가 아니라 술을 사랑하지 않아서 생기는 사람의 문제라고 생각합니다. 술 빚는 일의 고된 수고와 설렘을 안다면 함부로 술과 자신을 천대하는 일은 없을 것이라 생각합니다. 올바른 식습관과 사회인으로서의 예절을 위해 밥상 교육이 필요하듯 술 교육도 반드시 필요합니다. 술은 단순히 취하기 위한 도구가 아니라 삶을 풍요롭게 하는 문화이기 때문입니다. 저는 이 책이 술에 대한 인식의 변화에 작은 씨앗이 되기를 바랍니다. 더불어 여러 거창한 이유를 들지 않더라도 이렇게 맛있는 한국의 전통주를 더 많은 사람들이 맛보게 되길 희망합니다.

못다 한 이야기에 대한 아쉬움은 술독에 다시 담아 두었습니다. 언젠가 잘 익어 향내 풍기는 날에 다시 술독을 열어 볼까 합니다. 이 순간 가장 감사한 사람은 나의 엄마 최순자 여사님, 그리고 디자이너 양보은 님과 편집자 최선경 님입니다. 이제 저의 첫 책을 마무리합니다. 마음에 아쉬움과 미련의 꽃물이 들어도 돌아보지 않고 술독을 닫으려 합니다.

2019년 가을,

이현주